◎ 安徽省社科规划重点项目"歙砚制作技艺当代发展研究"（AHSKZ2016D21）研究成果

当代歙砚

樊嘉禄 著

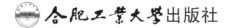

合肥工业大学出版社

图书在版编目（CIP）数据

当代歙砚/樊嘉禄著.--合肥：合肥工业大学出版社，2024.--ISBN 978-7-5650-6774-7

Ⅰ.TS951.28

中国国家版本馆 CIP 数据核字第202418YW37号

当 代 歙 砚

樊嘉禄　著

责 任 编 辑	张　慧	
出　　　版	合肥工业大学出版社	
地　　　址	（230009）合肥市屯溪路193号	
网　　　址	press.hfut.edu.cn	
电　　　话	人文社科出版中心：0551－62903205	
	营销与储运管理中心：0551－62903198	
开　　　本	710毫米×1010毫米　1/16	
印　　　张	16	
字　　　数	262千字	
版　　　次	2024年12月第1版	
印　　　次	2024年12月第1次印刷	
印　　　刷	安徽联众印刷有限公司	
发　　　行	全国新华书店	
书　　　号	ISBN 978-7-5650-6774-7	
定　　　价	78.00元	

如果有影响阅读的印装质量问题，请与出版社营销与储运管理中心联系调换

前　言

砚又称砚台，作为一种研墨泚笔的工具，是中国传统"文房四宝"家族中的重要成员。

砚首先是传统文房中的一种实用器，实用功能是其首要功能。这是传统砚审美标准中的一个重要指标。同时，通过制作者的巧妙构思与精心制作，砚在材料、造型、纹饰等方面又具有丰富而独特的艺术观赏价值，承载着文人雅士的清雅情怀，是中国传统文化中具有符号意义的艺术品。

现在人们熟知的徽州在宋徽宗宣和三年（1121）之前为歙州，这里出产的名砚称歙砚。歙砚不晚于唐初开始出现，在五代至两宋时期得到很好的发展。从那时延续至今，歙砚一直被视为与端砚齐名的砚中精品。

歙砚是用以龙尾石为代表的歙石为原料制作的砚，因原料的独特和工艺的精湛，在千余年工艺文化历史长河中一直具有举足轻重的地位。歙砚制作技艺2006年被国务院列入首批国家级非物质文化遗产名录。

然而，可能有许多读者都不会想到，歙砚制作技艺在清末民国时期几乎处于失传状态，而且一直持续到20世纪60年代初才得以恢复，并逐渐走向繁荣复兴。

为了完整地重述这段历史，我们在前人工作的基础上做了大量的调查研究，申报安徽省社科规划项目并得到立项。本书即是在安徽省社科规划重点项目"歙砚制作技艺当代发展研究"（AHSKZ2016D21）成果的基础上，经进一步修改丰富的结果。

有关歙砚的研究，除古代文献外，早期的著作如穆孝天、李明回的《中国安徽文房四宝》、程明铭的《中国歙砚研究》等，近些年陆续问世的新作如方晓阳等的《制砚·制墨》、周俊的《中国歙砚砚石研究》、凌红军等的《歙砚新考》等，另有如徐刚的《歙之情缘——三百砚斋主人周小林传》等，都有与本书相关的内容，对于本书的完成具有重要的参考价值。

笔者自2005年开始矢志从事非物质文化遗产保护研究，尤其是在2008年底到2015年初这几年在黄山学院工作，与当地一大批优秀的代表性传承人建立了深厚友情，为了搞清楚歙砚制作技艺恢复与发展这段历史，先后与汪培坤、叶善祝、吴永康、方见尘、杨震、曹阶铭、周美洪、胡秋生、周小林、郑寒、王祖伟、蔡永江、甘而可、胡水仙、朱岱、凌红军、潘小萌、程礼辉、方韶、张硕、方学斌、周晖、王红俊、徐爱国等一大批业界人士交往，向他们请教了解相关情况。特别是前几位师长对自己那段峥嵘岁月的深情回忆构成本书最重要的内容，即歙砚当代发展史的重新建构。这里由衷地向他们表示感谢！黄山市文旅局汪翔先生在此过程中给予了很多帮助，吴笠谷先生为本书第一章提出很好的修改意见，这里一并致谢！

歙砚制作技艺的当代发展，重点当然是从20世纪60年代初以来大半世纪的历史。但是，歙砚制作技艺之所以能在濒临消亡之际复兴与发展繁荣，与其千余年传承不绝的历史分不开。其中有三个条件不可或缺：一是大量的相关文献，二是大量的实物遗存，三是被重新发现的坑口。正是这三者保证了当代歙砚制作技艺是在恢复传统基础上的接续，而不是无根据地另起炉灶，不是借恢复之名的"创新"。因此，本书第一章简要介绍歙砚的辉煌历史；第二章介绍古坑口的恢复开采和新坑的发现；第三章介绍制作技艺的恢复与发展；第四章专题介绍三百砚斋，因为它在当代歙砚发展进程中一度占有无法回避的重要地位；第五章介绍当代歙砚的石品和制作工艺流程；最后一章介绍目前最具代表性的传承人。

笔者自2019年6月来到刚刚批复设置的安徽艺术学院工作，面对千头万绪的工作，长达半年多无暇写作。此书的撰写开始于新冠病毒出现后的2020年春节，省教育工委、教育厅要求各单位主要负责人每天都要来学校值班，而开学一再推迟，客观上给笔者三个月的空闲期把之前数年积累的资料整理出来，为完成此书打下坚实基础。

非物质文化遗产保护工作离不开学术研究支撑，安徽艺术学院在三定方案下达之时即确定成立专门机构牵头，组织全校各学院之力，在花鼓灯、黄梅戏等地方戏、传统音乐、传统技艺、传统美术诸多领域开展研究工作，助力学校特色发展。2022年安徽艺术学院非物质文化遗产保护专业开始招生，迄今已有三届学生，意在培养非遗保护工作者和新一代高起点的非遗传承人。笔者相信时间将见证我们的理想成为现实。

还要特别感谢合肥工业大学出版社朱移山先生和张慧编辑。他们的认可和在编校等方面不遗余力的努力，为本书高品质呈现提供了根本保障。

目　　录

第一章

辉煌的历史

砚的出现不晚于新石器时代，迄今已有5000年以上的发展历史。特别是秦汉以后，砚经过了2000多年的繁荣发展。不同时代、不同地域创作的不同材质、不同艺术风格的砚，组成了这种文化艺术品的大家族。歙砚就是这个大家族中的重要成员。

千余年辉煌历史为歙砚制作技艺的当代发展奠定了坚实基础，当代歙砚制作技艺是在对古代歙砚制作技艺全面继承的前提下恢复和创新发展的。因此，本章作为全书的开篇，系统地梳理历代歙砚发展概况。

第一节　歙砚出现之前砚史简述

一、砚的起源和早期发展

砚的起源可以追溯到距今5000多年前的仰韶文化时期。从出土的实物看，早期的砚实际上是一种研磨器，在平整或微凹的台面置赭石、朱砂之类的天然颜料，以磨杵研磨，制成色液，用以为陶器、织物等着色。20世纪70年代，在陕西临潼距今5000多年的姜寨遗址中发现了一套完整的这种研磨工具，其中有一款有盖的石质砚，砚面及底平整光滑。中部有一完整的圆形臼，砚面和臼的内壁上均有明显的颜料痕迹。另有石质磨棒、陶质水杯和黑色的颜料（图1-1）。此前，1958年，与姜寨遗址同一文化期的陕西宝鸡北首岭仰韶遗址出土了一方石砚，椭圆形，有2个大小不同的凹槽，其中还残存少量的红色颜料。商周时期的墓葬中出土有玉质、石质调色器，表明这种工具的制作和使用一直在延续。

春秋战国时期，诸子蜂起，百家争鸣。文化的发展推动了文房用品制作技艺的进步，砚的制作也进入一个新的发展时期。如果说此前的研磨器只是一种多用途的加工颜料的工具，那么随着著书立说之风的兴起和学校

图1-1　姜寨遗址出土的研磨套具

的出现，书写砚自然地独立出来。至迟在战国末到秦初，即出现专门用于研磨书写颜料的砚。秦代墓葬中出土的砚伴随有其他文具，因而被视为用于研墨研朱的文房用砚。1975年湖北云梦睡虎地战国至秦初墓葬中出土了一件（套）石砚，为不规则的石块加工而成。另有一块研石，上有使用痕迹与墨迹。还有一块墨，色纯黑。同时出土的还有大量竹简和木牍，其中一块木牍保存完好，长23.1厘米，宽3.4厘米，厚0.3厘米；另一块下段残缺，上面的文字为一封家信。这些实物的出土为我们了解早期书写砚提供了依据。

汉代是制砚技艺第一个快速发展的阶段，在继承前代的基础上加以改进，制作的石砚更加精致。1983年广州南越王墓出土的石砚（图1-2），砚面平滑，显然是经过精心打磨而成，配有多块大小形状各异的研石，经推断，使用的方法应是用研石压着墨丸在砚面上研磨。同时，这一时期出现形制与前代完全不同的砚，如砚体更加规整、上加砚盖、下有砚足等。1956年安徽太和县李阁乡西汉墓出土的一方圆形三足石砚（图1-3），材

图1-2　广州南越王墓出土的石砚

料为青石。该砚身扁平，砚面平滑并稍起作平台，底亦平，外侧分置3个三角形柱足，足根浅雕熊首。盖中隆起，上有圆雕双蟠螭。整砚造型浑朴，雕刻精细，说明当时已经将艺术装饰手法应用于砚的制作。

除了加盖添足，汉代砚还有很多新的变化，如出现了不同材质的砚盒。1978年山东临沂金雀山西汉墓出土的长方形漆盒石砚，砚身为沉积岩平板，长21.4厘米，宽7.4厘米。另有一小片研石，长宽各2.5厘米，高0.2厘米，贴在一块厚1.1厘米的方形木块（柄）上。外配一漆盒，盒底与盖均以朱红、土黄、深灰3种颜色绘虎、熊、羊等兽，间以精美的流云纹饰，具有极强的装饰效果。此砚与毛笔、木牍等其他书写用具同时出土。

1957年安徽肥东县草庙乡东汉墓中出土了一方鎏金兽形铜盒石砚（图1-4）。砚盒上下相扣，整体为一兽形，状似蟾蜍，但头生龙角，身添双翼，后置短尾，周身镶嵌红黄白各色琉璃珠。这种艺术造型可能是当时求仙意识的反映。砚身为石质，片状，随形置于盒中，取放自如。

由于制墨技艺的不断进步，至迟在魏晋南北朝时期，出现了无需磨杵而直接在砚池上研磨的块状墨，作为"原始砚"的这种古老的研磨器演化

图1-3 太和县西汉墓出土的圆形三足石砚

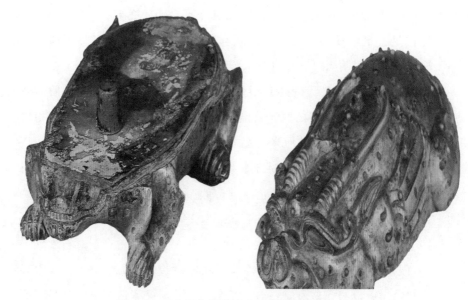

图1-4　肥东县东汉墓出土的鎏金兽形铜盒石砚

为真正意义上的研墨工具。这种蜕变开始于东汉前期，完成于东汉晚期。同时，这一改变使得制砚材料的选择在原有低吸水率的基础上又增加了"发墨"的标准。

随着砚的这种蜕变，加上制瓷技术的发展，瓷砚作为一名砚家族中的新成员于魏晋时期开始流行。1958年，南京中华门魏正始二年（241）纪年墓中出土的熊足青釉瓷砚，呈平盘状，砚面无釉，上有9枚不规则支烧痕，子口，下有蹲式3个熊足，鼎立砚盘下。同年，安徽马鞍山晋墓中出土了一方青釉三足瓷砚（图1-5），圆形，瓷质，灰白胎，近边处凸起一周形成子口，中为平整的砚心，砚身下分设3个熊足，原器似配有盖。除用于研墨的砚心外，均施青釉，色微泛黄，为越窑作品。汉魏晋时期的三足砚在南北朝时期发展为多足砚。

此后，砚足数量增加的趋势得到进一步发展，并且砚足的高度也逐渐增高。1952年安徽无为严家桥出土的一多足圆形赭釉瓷砚（图1-6），为隋代时物，高6.5厘米，口径15厘米，底径18厘米，砚面微凸，无釉，外侧一周为水池，砚身下为21个蹄形足，排列紧凑，足底相连成圈，砚面以外部分均施赭釉。这种形制称"辟雍砚"，是被后世推崇的一种经典砚式。

图1-5　马鞍山晋墓出土的青釉三足瓷砚

图1-6　无为严家桥出土的多足圆形赭釉瓷砚

辟雍本是周天子所设大学，校址圆形，围以水池，前门外有便桥。东汉以后，历代皆有辟雍，作为尊儒学、行典礼的场所。

二、制砚技艺的成熟

隋唐时期经济文化空前繁荣，尤其是科举制度的建立，促进了文房用具的发展，制砚技艺进入快速发展并走向成熟的时期。后来著名的砚种大多是在这一时期出现或者得到空前发展。

陶、瓷砚是这一时期使用最广泛的砚种，很多著名文人都使用过陶砚。韩愈的《瘗砚文》、贯休的《砚瓦》等作品中都有这方面的信息。陶、瓷砚的制作可以是先塑坯后烧制，因而在造型设计上比石砚更加自由。

1960年广东韶关罗源洞唐代开元年间名相张九龄（678—740）墓中出土了一方箕形陶砚（图1-7），月牙形水池，表里磨光，似有墨迹。砚底两足刻有"拯"字，据考为张九龄之子张拯之名。

图1-7　张九龄墓中出土的箕形陶砚

端砚因产于端州而得名，其主要原料取自今广东肇庆北郊岭羊峡东侧端溪畔的斧柯山以及北岭山、羚羊山、烂柯山、七星岩、笔架岭一带。唐代的坑口即今所谓"老坑"，所产砚石质细润滑，具有发墨而不损笔、贮水不涸、呵气即泽、磨墨无声等特性。

端砚始于唐初。唐代许多著名文人的诗文中都有记载，如刘禹锡（772—842）的"端州石砚人间重，赠我应知正草玄"、李贺（790—816）的"端州石工巧如神，踏天磨刀割紫云"等。

1965年广州动物园出土的一方唐代端溪石砚（图1-8），长18.9厘米，宽12.6厘米，高3.3厘米。此砚为箕形，石质细腻，呈紫红色，砚首弧形，砚面随砚形刻折痕，砚底两梯足，是唐代典型砚式，为广州市文物管理委员会所藏。

1974年扬州东风砖瓦厂工地出土了一方唐代端砚（图1-9），长20.8厘米，宽13.6厘米，高3.9厘米。砚首呈圆弧形，内折痕不明显，首窄尾阔，腰部内敛，尾底部置斜坡状对足，头部底落地。砚石坚润细腻，呈紫色，体态合度，素朴典雅，现藏于扬州博物馆。

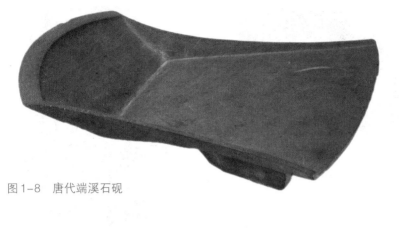

图1-8　唐代端溪石砚

图1-9　唐代端砚

　　陶砚由于材料简便易得，价格低廉，因而在相当长一个时期被广泛使用。但陶砚具有吸水率较高、质地不够坚硬等缺点，很难成为砚中佳品。至迟在唐代，脱胎于陶砚制作的澄泥砚制作技艺应运而生，主要产地在河南虢州和山西绛州。广义地讲，澄泥砚也是一种陶砚，因为同样是以泥为原料，经过烧制而成。区别在于，它在制作过程中采用了澄泥工艺，从采集泥料到加工精制和添加辅料，经过十分复杂的流程，以达到改善砚的性能的目的。

　　澄泥砚具有质地坚硬致密、触辄生晕、发墨细润、贮墨耐久等优点，而且质地均匀，尺幅和造型不受材料限制。有人将它与端砚、歙砚、洮河砚并称为四大名砚。

　　故宫博物院藏有一方据称是唐天策府制澄泥风字砚（图1-10、图1-11），长33.5厘米，宽26.3厘米，高3.9厘米，两直缘对称外撇，呈风字形，砚面四周起框，上端稍凹用以贮墨，其余部分为受墨处。砚背出3个足，中

图1-10　澄泥风字砚正面

图1-11　澄泥风字砚背面

间阴刻行书"唐天策府制"。"天策"为星宿名，太祖李渊因次子世民殊有功勋，封之为"天策上将"，准其开建府署，名"天策府"。但也有专家认为，此砚的年代或在唐之后。

红丝砚也是唐、宋时期与端歙齐名的砚种，因其原料红丝石而得名，原产地为山东青州黑山红丝石洞。红丝石具有红（丝紫）色与灰黄色相间的丝状纹理层，绚丽多彩，尤以红丝缠绕而令人赞叹。红丝砚出现不晚于唐代，北宋文献有记载。如据朱长文《墨池编》引唐询《砚录》称，唐询于嘉祐六年（1061）知青州时，听当地石工说，州之西40里有墨山，上下皆青或紫石，其中有红黄，而其文如丝者一，相传曰红丝石。五代时，红丝砚受到南唐李氏的重视。宋晁冲之有诗云："银钩洒落桃花笺，牙床磨试红丝研。"北宋以后，红丝砚更为世人所知。

第二节　歙砚唐代问世宋代走向辉煌

一、唐代歙砚

歙砚的出现不晚于盛唐时期。北宋唐积的《歙州砚谱》记载："唐开元中，猎人叶氏逐兽至长城里，见迭石如城垒状，莹洁可爱，因携以归，刊粗成砚，温润大过端溪。后数世，叶氏诸孙持以与令，令爱之，访得匠手斫为砚，由是山下始传。”

这段史料常被引用作为歙砚起源的一种说法，作者是北宋真宗时担任婺源县令的唐积，其距离所记述的事发生的年代相当久远，其依据可能是有一定的资料，也可能是当时的一种传说，总之在时间上并不准确。如果逐兽的叶氏在长城里（“里”是一级社会组织的名称，大致相当于村，故有“乡下有里，乡里相亲”之说，当时这个地方叫“长城里”）发现一块石料的时间是在唐玄宗开元年间（713—741），只是“刊粗成砚”，中间还有“后数世”，至少也是三五十年之后，其子孙才持之送给县令，县令找到制砚高手“斫为砚”，“由是山下始传”。这样就把歙砚的起源时间推定在中唐（766—835）早期阶段。从其他方面的资料判断，这种说法不能成立。

唐代歙砚实物虽然并不多见，但仅有的几件中就有中唐时的作品。1976年合肥的一处唐墓中出土了一方箕形歙砚（图1-12），色碧青，石质坚润，堂池一体，砚底近口处分设2个梯形长方足，足根较粗，与砚首弧底形成鼎立之势，为典型的唐砚制式。该墓葬年代为唐开成五年（840）。

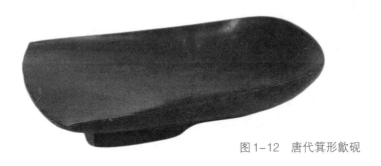

图1-12　唐代箕形歙砚

从古代文献中还能找到歙砚更早出现的证据。五代陶谷的《清异录》卷下有一段关于早期歙砚的记载：“萧颖士文爽兼人，而矜躁为甚。尝至仓曹李韶家，见歙砚颇良，既退，语同行者：君识此砚乎？盖三灾石也。同行不喻而问之，曰：字札不奇，研一灾；文辞不美，研二灾；窗几狼藉，研三灾。同行者敛眉额之。”说的是唐初名士萧颖士（字茂挺）有一次在仓曹李韶家见到一方歙砚颇良，出来后跟他的同行者说：“君识此砚乎？盖三灾石也。"同行者不明其意。萧颖士进一步解释说："字札不奇，研一灾；文辞不优，研二灾；窗几狼藉，研三灾。"这方歙砚最晚也是唐初时期的作品。据此可知，歙砚的问世应是在唐之前。

图 1—13 唐代『风』字形歙砚

此外，明代学者李日华在《六砚斋笔记》中称，唐代"端溪未行，婺石称首。至今唐砚垂世者多龙尾也"，即明代中期所见唐砚有不少是歙砚。

安徽省博物院藏另一方可能是唐晚期歙砚（图 1—13），长 19.4 厘米，口宽 13.5 厘米，首宽 11.6 厘米，高 3.1 厘米，色淡青，石质细润，箕形，首底凸出着地，箕口稍大，砚面平直向前倾斜，折壁，堂池一体。砚底近口处分设 2 个梯形方足，与砚首底成鼎立之势。这种砚形似"风"字，被称为"风字砚"，是唐代流行的一种砚式。

二、五代歙砚

五代是歙砚发展史上的重要阶段，特别是南唐朝廷对文房用品尤为重视，促进了歙砚的发展。据《歙州砚谱》载："至南唐，元宗精意翰墨，歙守又献砚并斫砚工李少微。国主嘉之，擢为砚官，令石工周全师之，尔后匠者增益颇多。今全最高年，能道昔时事，并召少微孙明（今家济源）访伪诰不获，传多如此。今山下叶氏繁息几数百户，乃猎者之孙。"《六砚斋笔记》亦称："南唐立砚务于此，其品有眉子、金星、罗纹、刷丝、牛毛诸种。"

歙砚成为御赐之物。据《清异录》记载，梁开平二年（908），太祖朱温（852—912）赐宰相张文蔚、杨涉、薛贻宝相枝笔各 20 支，"歙产龙鳞、月砚各一方"。南唐中主元宗李璟（916—961）精意翰墨，歙州太守又献砚，并推荐斫砚工汪少微。"国主嘉之，擢为砚官，令石工周全师之，尔后匠者增益颇多"。汪少微受赐"国姓"，史称李少微，成为历史上绝无仅有的"砚务官"。这个砚官不是虚名头，既有待遇又有任务。据元陶宗仪的《说郛》记载，当南唐有国时，于歙州置砚务，选工之善者，命以九品之服，月有俸廪之给，称为"砚务官"。这些人每年要为官府制作一定数量的砚。

图1—14为当代制砚名家和砚文化研究者吴笠谷收藏的有铭文"汪少微铭"的残砚，可能是汪少微在当砚务官之前的作品。

图1—14　"汪少微铭"残砚（吴笠谷藏）

南唐时间不长，却是歙砚发展史上一个重要的时代，对于宋代歙砚制作技艺的蓬勃发展具有重要影响。但是，这一时期留下的歙砚实物亦不多见。

图1—15是首都博物馆藏一款歙砚，长27.6厘米，宽19.4厘米，高4.5厘米，砚体呈"风"字形，头部略方，内微有折痕，底部砚首落地，尾部有2个圆乳足。此砚为邓之诚珍藏，后为康生所藏，手书"唐歙石砚"，镌于砚底，被鉴定为晚唐制品。与之相似，歙县博物馆也藏有一方"风"字形歙砚，石色泛绿，长6.2厘米，宽13厘米，高2.5厘米，砚体呈"风"字形，上开圆形水池，圆形砚堂，池间有小孔，四旁线刻花纹，底有双足。传为出土之物，为歙砚早期珍品，有专家断为唐代砚，但也有专家从砚式判断其为五代时物。

图1-15　晚唐至五代歙砚

现代研究分析发现，唐代及北宋早期，使用眉子坑砚石制砚时，一般将带有眉子纹理的石面安排在砚背。在考察开采坑口时还发现，有眉子纹的砚石在开采时是被舍弃的，人们将有眉子纹理的石层剥除弃去，而撷取紧贴其下的无眉子纹理的砚石用以制砚。这样一来，眉子纹理似乎仅是作为开采优质砚石的指示性标志物而存在。考察眉子坑古坑道开采工作面和采石工作遗痕发现，古代开采眉子坑砚石的工作步骤是：先在坑道石壁上一层层地剥除粗糙的"麻石"，直到看到眉子纹石，凭经验知道其下面即是合格的砚石；在坑壁面上仔细选择，避开其中夹杂的纷乱网状石英石脉杂质，按一定规格标准选择不含有明显瑕疵的长方形目标砚石的坯石；以较精细的工作手法，从坑壁上取下可以制作最大规格砚所需尺寸的毛坯，那些已显露的眉子纹石材会被作为目标砚石的保护余量层与目标砚石一起采下。

从开元眉子坑道里遗留的取坯痕迹判断，当时取的砚材约为纵40厘米、横30厘米的长方形，这一方面是便于开采过程的推进，另一方面也是矿脉结构所决定的。据分析，40厘米左右是纵向3个韵律波折的跨度，是规方后规格砚石所能取平结构波折的最大允许跨度，而30厘米则是砚矿石中排除网状石英石脉区隔制砚可默许瑕疵后规格砚坯的极限横向跨度。将这样规格的毛坯取出坑道，在坑口附近凿剥成更为规整的规方砚砚坯。

这样的砚材选择观念和这样的采石方法，决定了绝大多数的优质眉子纹石在采石和砚石毛坯规整的过程中被破坏消失的命运。现今在芙蓉溪中找到的那些眉子纹仔料就是有幸留存下的一小部分被剥离的小块眉子纹石变化而成的。因此，眉子纹仔料大块的为数极少，多数都仅有拳握之大，能制三寸规格砚坯者无几。也因此，这些眉子纹石上普遍带有被剥离时留下的"古凿痕"。

北宋中期以后，文人对歙砚中特有的眉子纹理则极度欣赏和追捧。

三、宋代歙砚

《歙砚说》中有如下记载：

> 唐侍读《砚谱》云，二十年前颇见人用龙尾石砚，求之江南故老。云：昔李后主留意翰墨，用澄心堂纸、李廷珪墨、龙尾砚，三者为天下冠，当时贵之。自李氏亡而石不出，亦有传至今者。景祐中，校理钱仙芝守歙，始得李氏取石故处。其地本大溪也，常患水深，工不可入。仙芝改其流，使由别道行，自是方能得之。其后县人病其须索，复溪流如初，石乃中绝。后邑官复改溪流，遵钱公故道。而后所得尽佳石也，遂与端石并行。

南唐败亡后，歙石一度停产长达半个世纪，从971年去除唐号到宋仁宗景祐年间（1034—1038）钱仙芝以校理知歙州事。他查访到南唐采石故坑被河水淹没，水深不可入，便组织力量将大溪改道，方得重新开采。但河道的改变给出行带来不便，当地人便"复溪流如初，石乃中绝"。之后邑官复改溪流，遵钱公故道。如此反复几次开采，得到许多砚石精品。

值得注意的是，《歙砚谱》中还有这样一段记载："今虽多，故坑无有石出。环县皆山也，而石虽出他山，实龙尾之肢脉，俱得谓之龙尾。"意思是说，当时称龙尾石砚的有很多，但故坑（相当于今天说的"老坑"）不出石料，都是周边山上开采出来的，说明宋代除了龙尾山坑口外，已经有多个坑口出产石料。

宋代是制砚技艺大发展的繁荣期，与前代相比，在砚的形制式样方面均有很多创新。歙砚制作技艺也在这一时期达到一个高峰，砚石开采技术和石品的辨识水平进一步提高，发现了新的坑口（后称"宋坑"），生产规模和制作水平都进入一个新的发展阶段。宋代还出现了多种有关砚的著作，如苏易简的《文房四谱·砚谱》、唐积的《歙州砚谱》《婺源砚图说》、高似孙的《砚笺》、洪景伯的《歙砚谱》《辨歙石说》、米芾的《砚史》、无名氏的《歙砚说》、胡仔的《苕溪渔隐丛话》等。

宋代是歙砚最繁荣的时期，有些文人追逐歙砚达到了几近疯狂的程度，甚至可谓成癖。据民间传说，著名书画家米芾（1051—1107）不仅到处搜寻好砚，而且向宋徽宗索要过砚。有一次，宋徽宗召米芾来宫中为他写字。米芾写完字后说："这方砚我用过了，就赏赐给我吧！"他得到这方歙砚后，视为珍宝。又说苏东坡（1037—1101）有一次去米芾家，软磨硬泡见到了这方砚，试用时，他知道米芾有洁癖，便用自己的唾液研墨，米芾没有办法，只好将砚转送给好友苏东坡。值得注意的是，这两件事如果是真的，应当发生在宋徽宗继位不久，因为他是1100年2月继位，而1101年8月苏东坡去世。

苏轼酷爱歙砚，其《偶于龙井辨才处得歙砚，甚奇，作小诗》云："罗细无纹角浪平，半丸犀壁浦云泓。午窗睡起人初静，时听西风拉瑟声。"意思是说，听到磨墨的声音，就好像听到拉瑟声一样动听，可见他对歙砚热爱的程度。

中国古代把玉比作美好、道德的化身，视玉为宝。但是，发展到唐代，玉开始明显世俗化，失去了"以玉比德"的功能，砚就被一些文人赋以"比德"的功能。所以北宋时期的砚具有端庄正气的特质。当时有一种说法："端砚如艳妇，歙砚如寒士"，意为端砚很艳美，而歙砚则具有清高和朴素的调子。很多文人追崇歙砚也是出于这样的原因。

米芾的《砚史》中论述了当时文人对于砚的审美观念。他认为"器以用为功"。他举例说明这一观点：玉不为鼎，陶不为柱，文锦之美，方暑则不先于表出之绤，楮叶虽工，而无补于宋人之用。就是说，玉不会被用来制作煮食用的鼎，陶不会被用来制作负梁之重的立柱，而文锦虽美，不是很热的天气单衣还是得穿在厚衣的里面。就砚来说，他认为"石理发墨为上，色次之，形制工拙又其次，文藻缘饰虽天然，失砚之用"[1]。就是

---

① 米芾，《砚史》卷一

说，石理是第一位的，而判断石理优劣的依据是发墨情况；纹理应放在其次；雕刻工艺水平是工还是拙那也不重要。至于砚上的铭文和各种美术装饰图案尽管很自然美观，却与砚的功用无关。

著名书家蔡襄（1012—1067）也是歙砚鉴定高手，有一次徐虞部（"虞部"是工部下面一个部门，"徐虞部"就是这个部门的徐姓主管）邀请他鉴赏一块龙尾砚石，他就把答案写成四句诗，让来使带回去。诗名是《徐虞部以龙尾石砚邀予第品仍授来使持还书府》。诗曰："玉质纯苍理致精，锋芒都尽墨无声。相如间道还持去，肯要秦人十五城。"还特别指出，"辨歙石以此法，若端石则不然"。[①]

蔡襄把龙尾石看作和氏璧一样珍贵的玉质材料。"纯苍"是描述其颜色是纯正的青黑色。"理致精"指其质地非常致密。"锋芒都尽"是说在制砚过程中，把突起粗糙的部分都打磨干净，使其表面十分光滑。"墨无声"是指用来研墨，悄然无声，发墨如油。

在这样的审美理念指导下，宋代歙砚的创作以实用为主，线条明快，简洁大方，以线造型，以型写神，似直非直，似圆非圆，似平非平，方圆结合，动静结合，追求平衡，表现出素处以默、妙机其微的美学思想。

宋代著名学者黄庭坚（1045—1105），诗、书与苏东坡、米芾、蔡襄齐名，亦是对文房用品研究颇深的学者。黄庭坚字鲁直，自号山谷道人，又号涪翁，曾任国子监教授、国史编修官等职。他一生酷爱笔墨纸砚，曾亲赴现场对龙尾砚石作过调查，并写下《砚山行》：

新安出城二百里，走峰奔岳如斗蚁。陆不通车水不舟，步步穿云到龙尾。龙尾群山耸半空，人居剑戟旌幡里。树接藤腾雨畔痕，兽卧崖壁撑天宇。森森冷风逼人寒，俗传六月常如此。其间有石产罗纹，眉子金星相间起。居民上下百余家，鲍戴与王相邻里。凿砺砻形为日生，刻骨镂金寻石髓。选堪去杂用精奇，往往百中三四耳。磨方剪锐熟端相，审样状名随手是。不轻不燥禀天然，重实温润如君子。日辉灿灿飞金星，碧云色夺端州紫。遂令天下文章翁，走吏迢迢来涧底。时陈三日酒倾醇，被祝山神口莫鄙。愚岩立处觉魂飞，终日有无难指拟。不知造化有何心，融结之功存妙

---

① 蔡襄，《端明集》卷八

理。不为金玉资天功，时与文章成里美。自从天祐献朝贡，至今人求终不止。研工得此瞻朝夕，寒谷欣欣生暗喜。愿从此砚镇相随，带入朝廷扬大义。梦开胸臆化为霖，还与空山救枯死。

整诗明白如话，生动形象，比较全面地将龙尾山砚坑的方位、地形、交通、地理环境、砚石品种、当地居民情况、石质的品位以及砚石开采状况记录下来。

他赞誉歙砚为"不轻不燥禀天然，重实温润如君子。日辉灿灿飞金星，碧云色夺端州紫"。在他看来，歙砚石品超过端砚。

图1-16 长方形歙砚

1953年歙县小北门宋代窖藏出土了17方歙砚。其中一方长方形歙砚，长16.5厘米，宽9.4厘米，高1.8厘米，砚式为长方形平台状，而底均平直，侧壁向下斜收，底稍小，砚身无雕凿，仅在砚首正中刻一圆形小水池。其造型简洁古朴，线条明快大方，为北宋时期制砚风格的代表。另一方长方形歙砚（图1-16），长23.7厘米，宽12.3厘米，高2.9厘米，砚面平整，四周刻有凸起之窄边，无纹饰，仅在前部正中刻一横条式砚池。砚身四侧壁微斜，砚背较砚面稍小，亦平，雕琢简洁大方。

1953年歙县小北门宋代窖藏出土的另一方圆形砚，面径15厘米，底径14厘米，高2.5厘米，砚面较平，四周无刻边，斜侧壁，底部稍小。在底面三等分处向两侧进行凹弧形打磨，凸起部分形成极低的3个足。砚身未加雕饰，在砚面近缘处挖一云形小水池，造型古朴大方。另有一方椭圆形歙砚（图1-17），最长19.5厘米，最宽12.1厘米，高2.4厘米，砚面平整，有金晕纹，四边刻浅边。砚首边框内凿月牙形水池，侧壁斜收。砚背亦平，略小。

有趣的是，其中还有一方砚是
由两部分组合而成的"活心"歙砚
（图1-18）。主体为长方形细罗纹
石，长21.6厘米，宽12厘米，高
2.8厘米，砚面平，四边及砚心外一
周起窄边，砚首刻月牙形水池，砚
背随形磨平。砚堂内嵌一椭圆形石

图1-17　宋代椭圆形歙砚

片，最长14.6厘米，最宽7.8厘米，色泽青莹，为歙石，对眉纹，能取出。
其整砚造型奇特，刀法苍劲，展现出娴熟的制作技艺；同时，石质极佳，
为歙砚之精品。

唐代的箕形砚到宋代演变为所谓的抄手砚。1973年安徽合肥大兴集包
绶夫妇墓中出土了一方北宋歙石砚（图1-19），为北宋名臣包拯次子包绶
用砚，长方形，砚石灰黑，质地较硬，无纹理（超细罗纹），砚面前部刻
有椭圆形水池，通过中间一渠与砚堂相连通，四侧向下内收，底部作抄手
式，较低。整砚造型简洁。

图1-18　宋代"活心"歙砚

图1-19　包绶用砚

宋代名人用砚近些年也有所发现。图1—20为汪廷讷铭眉纹歙砚，歙县博物馆藏。长32.4厘米，宽20厘米，高7.5厘米，长方形抄手砚，内含眉纹，左侧隶书铭："龙池烨烨，峙镇斋中，斯文千载，以草玄同。万历壬辰，无如主人汪廷讷铭。"篆书印铭"环翠斋图书记"。汪廷讷，明休宁人，字无如，号无如居士，官盐运使，工乐府，与明代著名戏曲家汤显祖友善。

图1—21为南宋虞似良铭眉纹歙砚，长方形，长30厘米有余，修长而较薄，为典型的南宋砚式。墨堂未起边，如意墨池，四侧内敛，背三足，前足左半边被凿去，据现收藏者吴笠谷介绍，此乃入土前所为，为殉葬之俗。此砚为浙江某地出土，长期在地下浸泡，表面水锈斑斓，润泽袭人。石色苍黝，数道大眉纹通透，扣之铿铿有声，抚之手触生津，为上品龙尾石。砚背镌隶书铭四行："君有文章，作而芬芳；群有翰墨，吐而馨香。非石丈人，何以发扬？铭之者谁？曰虞仲房。"砚主虞似良，字仲房，号横溪真逸，祖籍余杭，南宋初随父迁居黄岩横溪，后于淳熙间官至二品兵部郎，更以诗翰见载于史册。

图1—22是长方鱼子罗纹歙砚，长15厘米，宽8.4厘米，高1.7厘米，石理紧密，坚重莹净，内含黑色鱼子罗纹，为歙砚早期珍品。1965年西安郊区出土，西安碑林博物馆藏。

图1-20　汪廷讷铭眉纹歙砚

图1-22　北宋鱼子罗纹歙砚

图1-21　南宋虞似良铭眉纹歙砚

黄山市博物馆藏有一方宋徽宗时期的纪年歙砚（图1-23），长18.3厘米，宽9.5厘米，高4.5厘米，石质细腻，色黑，长方抄手式。砚堂上部深琢细窄一指砚池，底边呈门字形，砚背刻有"天池浴日"铭，一侧刻"政和壬戌七月廿日制于潜玉斋　澹游老人"，下琢阴文"时赏私印"方印。

图1-23　宋徽宗时期的纪年歙砚

米芾所撰《砚史》中记载了自玉砚至蔡州白砚凡26种，李之彦的《砚谱》载天下之砚40余品。宋代学者在记述各砚特点的同时，也作横向比较，如米芾对于当时最为名贵的端歙二石"辨之尤详"，称"皆曾目击经用者，非此则不录"。

宋李石的《续博物志》则指出"以青州红丝石砚为第一，端州斧柯山石为第二，歙州龙尾石为第三"。宋赵希鹄的《洞天清禄》又指出"除端歙二石外，惟洮河绿石北方最贵重，绿如蓝，润如玉，发墨不减端溪下岩"。后人在此基础上，评出所谓的宋代"四大名砚"。

范成大（1126—1193）作《跋婺源砚谱》："龙尾刷丝秀润玉质，天下砚石第一。今其冗塞已数年，大木生之，不复可取。或因洪水漂薄，沙砾间得，异时斧凿之余，至琐碎者亦治为砚。纵横不盈二三寸。稍大者即是故家所藏旧物。士大夫既罕得见，故能察识者少而遂以端石为贵。端石绝品犹不能大胜刷丝。东坡凤咮砚铭云：坐令龙尾羞牛后。此乃武夷滩石，那得度龙尾前一时谑语，非确语也。"

宋代也有一些造型奇特的砚。黄山市博物馆藏有一方十足圆形歙砚（图1-24），直径19.5厘米，高2.2厘米，砚面周边凹下为水池，成辟雍形，底有10个灵芝形足，砚背刻小篆"绍兴"2字，应是宋高宗绍兴年间的作品，细腻光滑，造型独特。

图1-24　十足圆形歙砚

图1-25　宋代鳄鱼形歙砚

如果说十足圆形歙砚还只是一种辟雍形砚的变形，那么图1-25所示歙县博物馆藏鳄鱼形歙砚则是罕见的一方造型独特的歙砚。该砚高19.7厘米，宽11.5厘米，高6.3厘米，鳄鱼形，尾部卷曲成水池，腹部平坦为砚堂，石中有眉纹、金星，底有两足，造型生动，别具一格。

除诗词外，还有一些刻在砚体上的铭砚作品。苏轼的歙砚铭文最多，其《孔毅甫龙尾砚铭》又最为经典："涩不留笔，滑不拒墨，爪肤而縠理，金声而玉德。厚而坚，足以阅人于古今；朴而重，不能随人以南北。"前段总结了歙砚的四大特点，后文则提升到形而上的高度，用歙砚"厚而坚、朴而重"的品质要求自己，做到观人阅世、信念坚定。

2015年，砚山村农民在改造农田过程中意外发现多处宋代制砚遗址。图1-26所示是其中规模最大的一处，在村之南俗称"水岭脚"的地方。

图1-26　宋代制砚遗址开挖现场

从现场判断，该作坊分取料、雕刻、打磨、弃石等区。遗址还存留大量石料，包括原石和残次半成品（图1-27），多达千余件，其石料大多为罗纹、眉纹，少量金星、金晕。同时出土的工具和生活用品有4口水井、引水槽石条、4根正方石柱以及打磨出来的石粉、石屑等。

图1-27　宋代遗址出土的"古凿痕"砚

另一处规模与之相差不多，出土了一些残砚，具有典型的南宋风格，用料精良，石料也是以罗纹、眉纹为主，有抄手、马蹄子、只履、古琴等经典砚式。在村西南发现的一处，由于已建有民房，可开挖的面积有限。从这里出土的一些残砚，取料讲究，做工优良，具有南宋早期歙砚特征。还有两处则发现了一定数量的具有晚唐五代时期风格的残砚，如莲瓣砚、簸箕砚、风形砚等，大多为罗纹石。

此处为宋代等级很高的歙砚作坊遗址，出土的残砚标本堪称古代制砚技艺活化石，对研究宋代制砚技艺具有不可低估的价值。

南宋景炎二年（1277）发生了一次歙石开采史上的悲剧。《新安文献志》记载："达官属婺源县尹汪月山求砚，发数都夫力，石尽山颓，压死数人乃已。"这次灾难发生后，元、明两代，龙尾山砚石坑一直没有再开采过。这一时期新得的砚石"皆异时椎凿之余，随湍流出数里之外者"。靠着这些山脚河滩上零星撷取的砚石，歙砚勉强维护着声誉。

四、元代歙砚

元代学者江光启有一篇《送侄济舟售砚序》，仅有千余言，却是元代歙砚史研究不可多得的文献。

唐开元间，猎人叶氏得石于长城里，因以为砚，自是歙砚闻天下。其山为羊斗岭之嵊，两水夹之，至尽处乃产砚石。其一曰紧足坑，次曰罗纹坑（今曰旧坑），又次曰庄基坑，相去赢百步，而石品绝不相似。其旧坑之中又自支为三：曰泥浆、曰枣心、曰绿石。去旧坑才数尺，石品亦异。自庄基北行二里，溯溪微上曰眉子坑，则东坡所歌者；坑今在水底不可凿。其陵谷变迁之验欤?! 旧坑丝石为世所贵，砚材之在石中如木根之在土中，大小曲直悉如之。凿者先剥去顽石，次得石为砚材而极粗，工人名曰粗麻石。之心最紧处为浪，又出至漫处为丝，又外愈漫处为罗纹。故吾郡双溪王公之记曰紧处为浪，漫处为丝，至论也。今以吾乡杉木板譬之，木心为浪，出外为丝，愈外为罗纹，亦物性之自然者也。

丝之品不一，曰刷丝、曰内里丝、曰丛丝、曰马尾丝，皆因其形似以立名，不必悉数以石理劲直，故纹如丝而旁为墙壁，独吐丝甚奇。平视之疏疏见黑点，如洒墨侧睨之刷丝粲然，工人所谓砚宝，独旧坑、枣心坑或有之，盖石之精吐出光彩以为丝也。

至元十四年辛巳，达官属婺源县尹汪月山求砚，发数都夫力石尽山颓压死数人乃已。今之所得皆异时椎凿之余，随湍流出数里之外者。每梅潦初退，工人沿流掇拾，残珪断璧，能满五寸者盖寡。世之求砚者率求端方中尺度，非是不取。工人患之，乃采他山顽黝滑枯粗燥而有丝纹之石衔于旧坑之下，或反得高价，而真石卒不售。三衢丝石黑而顽，南路丝石暗而黝，绵潭丝石浮而滑，夹路丝石红而枯，水池山丝石枯而燥，俱不宜笔墨，得之者反宝之。

予诸侄济舟忽挟砚以游，予甚怪之。因语之曰，子弱冠时，南至交广，北渡易水，将求当路贵人，卒未有合也。今将怀旧坑真材以取不售之辱乎？将怀伪石以为欺乎？济舟悄然无所答。虽然，荆山之璞三献，而后为世所珍，且子之售砚也，不二其价，不以伪石乱真石，其得不欺之道乎？视工人之为砚也，琢以椎凿，磨以沙石，渐次而不骤，其得自修之道乎？若是则无为疑而速行也。予家去产砚所三十里而近，故知砚为详，予年于济舟有三十年之长，故勉济舟甚力行乎，书之以告愿知砚者，亦以告愿知子者。旧坑在双溪时已埋，不知何年再辟。至元辛巳再埋而石尽时，独紧足颇有大石，今至元五年十月二十八日夜埋声如惊雷，隔溪屋瓦皆震，禽惊兽骇。数年前工告予，紧足石斫凿已尽，予不之信，至是果然。六十年间两见此事，亦可一噎！谢公墅之知徽州也，于理庙有椒房之亲，贡新安四宝：澄心堂纸、汪伯立笔、李廷珪墨、砚则取之旧坑。先是坑上有五色云气，如锦衾，既承郡檄，随云所覆得佳石，有白气绕两舷，宛转如二龙。及穴池，得白石如珠，遂目曰二龙争珠。既贡，云气不复见。噫！砚微物也，其通塞际遇，且若有数存乎其间。济舟行乎，尚有味于予言。

衡山浮屠氏瞿省以诗谒。一日曰，公爱砚入骨，与砚朋苏、欧、蔡、唐嗜不减。公也记载恨无所余，倣其言，笺天下石遗之。瞿省曰：然则端孰精也？余曰：唐彦猷所谓"紫润无声者也"。歙孰精也？曰：欧阳公所谓铓而腻理者也。然而殚极受用莫如后山。其曰：书生活计亦酸寒。断砖半瓦宁求备石老矣。省曰：唯笔而西。嘉定癸未四月十五日似孙识。[1]

一些著作中将紧足坑定义为"罗纹坑下80米左右"。现在称为紧足坑的砚石，据实地考察和砚山村采石人吴飞红（新安歙砚艺术博物馆顾问）介绍，产自龙尾山旧坑之上的山顶处，刨去土层、剥去山顶麻石层即为矿脉所在。主要石品有金星、金晕、眉纹以及一种被称为"龙眼"的珍贵石品。这与文献记载中的紧足坑有很大的区别，这些石头可能只是借用了古代紧足坑的名字而已。

歙县博物馆藏有一方元代蝉形抄手歙砚，长18.5厘米，宽13.5厘米，高3厘米，长方形，砚面开蝉形砚堂，水池，石内略有银星，砚背微凹，成小抄手。徽州博物馆藏有一方元代椭圆形歙砚（图1—28），长径13.8厘米，短径7.5厘米，高3厘米，不仅整砚为椭圆形，砚堂和池均为椭圆形，色黝黑，砚背似瓷器圈足，形制厚重，风格粗犷，没有精雕细刻，带有显

---

① 高似孙，《砚笺》卷一

图1-28 元代椭圆形歙砚

图1-29 鹅形眉纹歙砚

著的元代制砚风格。

歙县博物馆藏有一方鹅形眉纹歙砚，长25厘米，宽14厘米，高3.5厘米，椭圆形，砚面为一盘卧睡鹅，顶部卷曲成水池，腹部平坦作砚堂，背有两鹅足。制作者巧用石中所含眉纹纹理作鹅的羽毛，披垂鹅背。造型浑厚古朴，雕刻自然天成。

天津杨柳青画社也藏有一方鹅形眉纹歙砚（图1-29），长21厘米，宽10.5厘米，高4厘米，作一鹅回首盘卧状，形如舟，底抄手，刀法苍劲有力，线条简练。随砚形作天地盖，亦巧作鹅形。

元代制砚带有显著的风格特点，与宋代和后来的明代都不同，总体上看雕刻比较简单粗犷，造型也比较独特。不仅歙砚如此，端砚等其他品种也是这样，而且存世的数量不多，精品更是难得一见。

第三节　集大成的明清歙砚

一、明代歙砚有精品

明代歙砚制作首先是继承宋代的传统，在此基础上又有所创新。与元代相比，明代歙砚出现了不少精品。

明清两代总体上看是文房四宝制作业一个集大成的时代，在继承唐宋以前的制作技艺的基础上有所创新。歙砚尽管受到上等原料供给方面的限制，但从流传至今为数不多的作品看，仍符合这一判断。

故宫博物院藏有一方歙砚（图1—30），长24.9厘米，宽15厘米，高9.7厘米，长方形抄手式。砚堂平坦，长条形水池，砚面有7道眉纹，左高右低，犹如眉睫，秀美非凡。整砚造型古朴敦厚，刀法洗练挺拔，石质坚韧，纹理显著，为上等佳品。砚侧有苏轼款行书砚铭。

旅顺博物馆藏有一方与之相似的明代长方抄手歙砚，长22.3厘米，宽13.1厘米，高8.8厘米，石色苍黑，十分润洁，通身遍布银星，为银星歙石之上品，同时造型端庄敦厚，右侧有赵稚圭铭，为明代佳制。

明代在继承宋元注重实用的基础上逐渐向追求艺术价值过渡，砚的造型更加多样化，因材制砚，雕刻上追求更加精巧雅致。

安徽省博物院藏明代海天旭日歙砚（图1—31），圆形，直径31.3厘米，高5.2厘米，平底微凹，周边浅刻云龙纹及21只蝙蝠，表达祈求幸福的寓意。砚中圆凸出似旭日状作砚堂，周凹下为水池，雕琢很有气度。刷丝纹歙石，尺寸较大，石色黝黑，纹路细密。硕大精美之石材，堪称不可多得的珍品。

南京博物院藏有一方骏马歙砚（图1—32），长17厘米，宽10.5厘米，高1.5厘米，长方形，左侧镌有"南沙翁氏""鼎臣珍藏"二印，砚底雕一奔腾的骏马，跃然有动，栩栩如生。配精致推光漆木盒，面朱内黑，面上

图1-30　明代抄手歙砚

图1-31　明代海天旭日歙砚

图1-32　骏马歙砚

图1-33　蝉形三足眉纹歙砚

有"振康制呈"款。此砚精选精良砚石，刻画细腻，刀法流畅，造型俏丽，装潢考究，为砚中精品。

黄山市博物馆藏一方蝉形三足眉纹歙砚（图1-33），长35.7厘米，最宽20.5厘米，高7厘米，色黝黑，光洁莹润，纹理缜密细腻。砚作蝉形，以蝉首为池，较深凹；蝉身为堂，较平阔。自砚额部压堂起砚边，雕刻出的线条流畅自然。砚背刻有叶梗，梗弯曲由砚中至下横贯两端，形成底部两足，头部落地成为另一足。

明代也留下很多名人铭砚。首都博物馆藏王士祯铭歙砚（图1—34），长方形，抄手式，造型简洁古拙，朴实无华。石质坚润，微泛绿色，粗罗纹，锋芒纯密，古称"刷丝石"。砚背铭"石鼎斋"，砚侧有王士祯铭："南唐刷丝石至宋时坑已竭矣，今于败籧中检得负航有友矣 贻上老人记"。王士祯（1634—1711），字贻上，号阮亭，渔洋山人，山东新城人，清初杰出文学家。此砚曾经近代书法家邵章收藏，并于砚盖镌铭"渔洋藏砚 丙辰春日伯同得于海王邨"。后又藏于康生之手。歙县博物馆也藏有一方余一龙铭歙砚，长28.5厘米，宽18.9厘米，高5.2厘米，长方形，一端开水池，砚体头大，光素无纹，侧有余一龙铭："徽州婺源人余一龙，明嘉靖年进士"。

图1-34 王士祯铭歙砚

明代制砚，石砚仍以端、歙、洮河为贵。然而，由于歙石坑口没有正式开采，洮河石也因水深难取，故端石声名日起，被推为诸砚之冠。

明代歙砚制作在造型上有时大胆创新，创作出独特形式的新型砚。徽州博物馆藏有一款明代的歙石砚（图1—35），砚面为圆形，整体即为砚堂，无明显砚池，中心略内凹，有使用痕迹。直径19.2厘米，高1.7厘米。

图1-35 明圆形菱口歙砚

砚边花菱口，砚背平，未作装饰。石质细腻，色黝黑。造型新颖，典雅大方。

随着商业的发达和文化交流的发展，出现了一种体积小、重量较轻、便于携带的砚，俗称行囊砚。这种砚式出现于宋代，当时以实用为主，砚堂较开阔，墨池深广。到了明清时期，行囊砚逐渐发展为文人墨客把玩之物。

图1-36　明代腰圆形行囊砚

图1-36所示为明代的一款行囊砚，腰圆形，仿宋式行囊，砚堂中略内凹，当为使用痕迹。上部琢出深弓形砚池，有窄砚边，砚背似抄手式底。石质细腻，色黑略泛青，受墨处略淡。

明代歙石稀缺，这样的两款上等砚料本就难得，如果制作成规矩砚式，难以取舍，故做成随形也是不得已而为之。

图1-37为明代的一款精致的鹅形砚，现为黄山市博物馆藏。该砚长16.4厘米，宽8.3厘米，高3.2厘米，石质细腻，色黝黑，鹅背作砚堂，上端琢出墨池，于墨池中琢

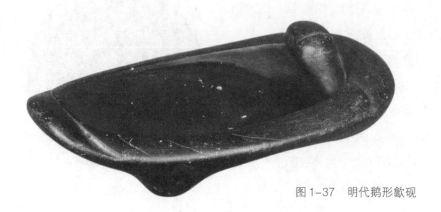

图1-37　明代鹅形歙砚

出鹅首并延伸到砚额部，砚边刻画鹅毛纹。砚背以鹅足为两足，头部落地自然形成第三足。

二、清代歙砚再现辉煌

由于原料的短缺，清初歙砚继续处于濒于停产状态。宫廷用砚中，各色端砚占绝对主导地位。当然，从存世的作品看，也有少量的歙砚。

故宫博物院藏一方清早期歙石长方砚（图1-38），长22.7厘米，宽15厘米，高3.2厘米，斜通式砚堂，顶端为宽深墨池，周边刻变体龙纹，间隔以"寿"字，纹饰雕刻工整简练，应是为皇上祝寿而作。砚背浅挖，四周起边框。砚石呈青黑色，有显著的水浪纹理。另有一方同时期的作品（图1-39），长19.2厘米，宽12厘米，高3.5厘米，砚面也是开斜通式砚堂，墨池亦比较深凹，池内浮雕螭文。砚背开长方形覆手。砚石呈青黑色，有眉子纹。整砚从砚体到纹饰俱工整。

图1-38　清早期歙石"寿"字长方砚

图1-39　清早期歙石螭文长方砚

清乾隆皇帝酷爱文房四宝，他在位期间文房四宝制作业达到了一个历史上的新高峰。他非常喜爱歙砚，但当时原料稀缺，各级官员只好用重价征取等方式搜罗士绅家藏古砚和当地居民所藏旧石，作为贡品奉献。为了得到更多更好的砚材，尘封了约500年的老坑再次被打开。清著名学者歙县人程瑶田在《纪砚》一文中说："乾隆丁酉夏五月，余以京师归于歙，时方采龙尾石琢砚，以供方物之贡。"这也是清代唯一有记载的砚石开采。

有了原料，歙砚制作业又兴盛起来。从故宫博物院等处的藏品看，这

图1-40 乾隆御用歙砚砚背

一时期又出现了一个小高峰。

故宫博物院藏一方清乾隆御用歙砚（图1-40），长10.8厘米，宽7.2厘米，高3厘米，腰圆形，砚堂和砚池为两圆相交割形，成日月合璧。砚面缘边刻云纹，侧周刻二龙戏珠纹。砚背形覆手，内雕水波纹衬地龟负碑纹，碑上阴刻隶书"乾隆御用"4个字。边缘上乾隆楷体书御题砚铭，镌"比德"印。配紫檀木盒，盖嵌玉珮，刻乾隆隶书御铭。整砚雕刻繁复，装饰精美，具有浓郁的宫廷色彩，是乾隆御用砚中的佳品。

故宫博物院藏另一方乾隆皇帝御用歙砚，称"仿汉未央砖海天初月砚"（图1-41）。长14.3厘米，宽9.2厘米，高1.9厘米。椭圆形，顶侧楷书铭。以弦纹分出砚堂和水池，砚堂状如烟波浩渺的大海，水池则似一轮皎洁明月，从海上冉冉升起。砚背乾隆御铭楷书7行，嵌玉紫檀木盒，盒面亦有隶书填金乾隆御铭。盒底内刻隶书填金"乾隆御用"4个字。铭文：

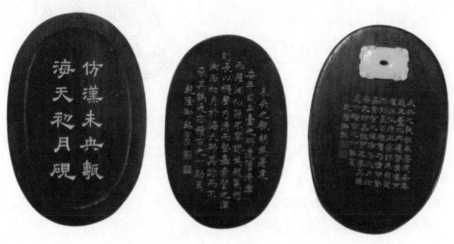

图1-41 仿汉未央砖海天初月砚（砚背、盒底）

"仿汉未央砖海天初月砚。未央之砖，胡为署建安年。或三台之所遗，坠清漳而濯渊。似孙不察，谬为题签。形则长以椭，声乃清而坚。嘉素质之浑沦，浴初月于海天。师其格而不承其讹，亦稽古之一助焉。乾隆御铭。"印文："含庶""比德""朗润"。

我国北方地区冬季气温很低，在没有供暖的条件下室内温度会远低于零摄氏度，墨水会固化，影响书写，所以古代有一种砚台的款式叫"暖砚"，就是在盛墨汁的砚的下方有可以盛放热水的地方，为墨汁加热保温。澄泥砚由于材料具有可塑性，在制作暖砚方面具有得天独厚的优势，用石质砚料制作暖砚则比较复杂，配套的部件可以是其他材质制作的。

故宫博物院藏有乾隆时期制作的歙石暖砚（图1-42），为2方长方形歙石砚，长19厘米，宽15.3厘米，高15.8厘米（含砚匣）。配长方形掐丝珐琅砚匣，铜镀金錾花底座，砚石盛于匣口铜屉内，屉下可储温水。砚匣四面及盖均饰海水云龙纹，底座上錾有凸起的双龙，环抱阳文楷书"大清乾隆年制"。砚面四边起框，上端开月形墨池。

图1-42 乾隆时期宫廷使用的歙石珐琅盒暖砚

故宫博物院藏乾隆年制作的一方随形歙砚（图1-43），长14.7厘米，宽10.5厘米，高1.5厘米。这是一款随形砚，大致将原砚材略加规整，制成不规则的椭圆形，砚面平浅，在砚缘周边浮雕葡萄藤，一根缬虬的主干从左边攀缘而上，过水池，伸延至右边，形成茂密的枝叶，以点点金星巧

图1-43　乾隆葡萄纹枣核金星歙砚

作成葡萄。藤蔓环绕，硕果累累。藤蔓围成随形砚堂，上端深刻葡萄叶形墨池。黑漆嵌玉砚盒，十分精致，盒内贴黄绢条，墨笔楷体："瓜瓞绵绵，

图1-44　乾隆荷叶式歙砚

图1-45　乾隆荷叶式歙砚背面

老坑金星"。砚石用龙尾山老坑的金星石，石色青绿，质地坚润，有枣核眉纹、雁湖眉纹和隐隐若现的罗纹，是歙石所特有的纹理。无论是砚料的质地纹理、雕刻的巧妙构思，还是砚盒的配置，都堪称精品。

　　故宫博物院藏有一方乾隆时期的荷叶式歙砚（图1—44），长14.8厘米，宽12.8厘米，高2.7厘米，椭圆形，边缘略加雕琢，整砚呈仰面卷边荷叶形，荷叶朝砚面内卷，下掩深凹的砚池，砚堂与砚池自然过渡，连为一体。砚背微凹，中间微凸，雕成叶蒂（图1—45）。此砚所用石料呈青碧色，为非常纯净的老坑石，石质坚劲莹润，纹理缜密，隐现暗细牛毛纹、古犀罗纹，最难得的是其中10对"对眉"，横而不

曲，两端略粗，成双成对，令人赏心悦目。整砚设计精巧，刀法精熟，线条流畅，自然浑妙，为歙砚中的极品。

歙县博物馆藏有一款程瑶田铭歙砚（图1—46），长18厘米，宽10.3厘米，高7厘米。长方形，抄手，无纹饰，右侧行书铭："此龙尾老坑石，俗呼皱纱罗纹是也。子陶得之圣僧庵，涤其尘污，发其膏泽，顿还旧观。铭曰：经寒历暑，沉埋何所，不遇子陶，谁识汝！让堂老人时年七十七，辛酉春分节也。"

辟雍砚始见于隋唐，历代不同的砚种均有制作，而且其形式在不断地变化，最显著的变化是砚足由早期的三足逐渐增加。黄山市博物馆藏有一方清代辟雍式歙砚，直径22厘米，高3.7厘米，砚堂与墨池相连，中心内凹，有明显使用痕迹，砚面环深水槽，沿即为砚边。砚壁琢10个兽足，等距离分布。辟雍砚式进一步演化，即出现用圈足替代多足的圈足砚。黄山市博物馆藏有另一方清代制作的辟雍歙石砚（图1—47），圆形辟雍式，直径24厘米，高5厘米。中间为圆形砚面，周围留较深的储水槽，水槽的沿作砚边。砚足为明显突出的一圈。

图1—46　程瑶田铭款歙砚

图1—47　清圈底辟雍歙砚

故宫博物院藏清乾隆时期的一方歙石砚（图1—48），长11.4厘米，宽6.6厘米，高1.9厘米，体积很小，椭圆形，砚面上雕一棵芭蕉树，从左侧拔地而起，枝叶覆盖砚额，回折形成砚池，枝干凸起，与微凹的砚堂形成砚缘，配黑漆盒。该砚石料呈青黑色，石质温润细腻，有大眉子水浪纹理，雕刻巧妙地与自然纹理结合，相映成趣，堪称歙砚中的佳作。

图1-48　乾隆歙石蕉树池砚

　　日月松池砚是另一款乾隆时期的歙石砚佳作（图1-49），长16.3厘米，宽11.1厘米，高2.5厘米，砚面上方刻日月松柏，间有流云缭绕，松柏掩映间有深挖的砚池，砚面下方为浮雕江水和花树纹，中间为平滑的砚堂。砚背施长方形覆手。配黑漆嵌玉盒。此砚石料质地坚实，色泽青绿，表面有刷丝纹、牛毛纹等交织，宛如秋波荡漾。砚面雕刻细腻工整。

图1-49　乾隆歙石日月松池砚

　　徽州博物馆藏一方长方形眉纹歙石砚（图1-50），长15厘米，宽8厘米，高2厘米，砚面未加雕琢，只是左上角琢一弦月形砚池，砚背阴刻篆书"星月生辉"铭文。该砚所用砚料质极细腻，通体眉纹，而且品种多，在如此小的一块砚面上有对眉纹、长眉纹、簇眉纹、阔眉纹等眉纹品种，实属罕见。正因为砚料极其珍贵，制作者几乎未作雕饰，尽可能保持其自然的风貌。

徽州博物馆藏另一方眉纹歙砚（图1—51），长16.7厘米，宽7厘米，高1.8厘米，长方形。整砚除了在砚堂上部琢出一腰圆形墨池外，几乎未加雕凿，砚堂中心略内凹，应是使用的结果，砚背亦平素。该砚石质极为细腻，石色黝黑，通体遍布眉纹，尤其是砚堂部位，犹如碧波荡漾的湖面。

对于优质的砚材尽可能保存其自然的面貌，是制砚艺术家们艺术思想进化的结果。优质歙砚是稀缺资源，有经验的砚雕师在处理时一般都带着

图1-50 清"星月生辉"铭眉纹歙砚

敬畏的心态，采取无为而治的策略，不敢暴殄天物。这种理念和处理方法为当代砚雕师所继承。

图1-51 清长方眉纹歙砚

宋代即已出现的行囊砚清代又有制作。道光年间（1821—1850）歙砚又被指定为朝廷的贡品。这期间制作的一方船形歙砚现藏安徽省博物院（图1—52），长12厘米，宽6.5厘米，高2.2厘米，砚体为船形，砚堂和砚池间直壁相隔，有小孔相通。砚背四周起窄边，中间刻有行书铭"腹之窍，蚁头绿，绳以穿，杖可悬，水之湄，山之巅，放厥辞，万象镌，呈石

图1-52　道光歙石船形行囊砚

卿，生云烟。道光八年春为崔亭大侄铭　函江"。在刻铭的上部两侧与侧壁各有一对穿孔，当系绳携带之用，故称行囊砚。

安徽省博物院藏有一方与该砚造型相似的明代卵样砚（图1-53），长14.5厘米，宽7.5厘米，高2.9厘米，细罗纹歙石，椭圆形，砚面中部下凹，砚首刻有半月形砚池，底平，刻楷书"墨林珍藏"。石质细腻，满布金星，间有金晕、眉纹。刀法简练，造型雅洁。

清程瑶田在《纪砚》一文中称："其石不中绳矩者，砚工自琢之，以售于人。"说明在清乾隆年间的这次开采过程中，由于歙石的珍贵稀缺，人们不再抛弃边角料。

图1-53　明代"墨林珍藏"卵样歙砚

清末以后，随着国力衰落和西式书写工具的涌入，文房四宝行业整体呈现趋于消亡的态势。

第二章 老坑的恢复开采与新坑的发现

歙砚制作技艺的当代恢复开始于20世纪60年代初龙尾山老坑的重新发现。打开尘封多年的神奇宝藏，为歙砚制作技艺的当代复兴提供了重要保障。但是，随着歙砚消费市场的扩大，龙尾山石已经供不应求。在省地质局332地质队的支持下，1963—1984年，相关部门先后组织专家、学者和科研工作者对古徽州范围内的砚石旧坑和砚石分布状况进行全面的科学考察。新旧坑口被陆续发现，大大地缓解了歙砚生产原料不足的问题。

第一节 砚山老坑的恢复开采

清末至民国时期，受西式书写工具的冲击，加上社会动荡，歙砚制作业逐渐式微，濒临绝境。到中华人民共和国成立时，徽州制砚者只有胡子良、俞德隆2位。他们留下的一批作品的拓片，成为后来恢复歙砚生产的重要参考资料。

中央政府高度重视传统工艺美术的恢复工作。1956年毛泽东主席对工艺美术作了重要指示；1957年朱德委员长出席全国工艺美术艺人代表大会并作重要讲话；周恩来总理多次阐述工艺美术生产的方针政策，强调发展工艺品生产、增加出口对支持社会主义建设的重要意义。国家出台了一系列政策，鼓励支持各地手工艺的振兴，增加手工艺品的出口。在这样的背景下，20世纪60年代起，中断了多年的歙砚制作业得到恢复，歙砚制作技艺从此进入一个新的发展阶段。

安徽省手工业管理局（暨安徽省手工业生产合作社联合社，后改为第二轻工业局）负责歙砚的生产事宜。时任安徽省手工业管理局工艺美术处处长胡宝玉是此项工作的具体操办者。胡宝玉是歙县岩寺镇西溪南人，曾长期在安徽省徽州专区工作，热爱家乡，知晓歙砚历史。其1959年底从屯溪市轻工业局局长岗位调省轻工业厅工艺美术局任副局长，驻合肥模型厂。

当时的合肥模型厂集中了一批安徽工艺美术界的技术力量，他们是安徽省委按照国务院的要求，在中华人民共和国成立10年之际人民大会堂建成之时为装饰安徽厅而抽调来进行工艺品创作的。当时从全省抽调的工艺品种类有芜湖铁画、徽州砖雕和木雕、徽州竹编、徽州漆器等，抽调的技工人员总共有七八十人。图2—1中方生全是屯溪工艺厂竹艺大师，胡灶苟是歙县砖雕大师，储炎庆是芜湖工艺厂的铁画大师，甘金元是屯溪工艺厂的漆艺大师。

1960年10月安徽厅的装潢布置工作结束。从歙县农村抽调来的砖雕艺人与技工共12人准备返回歙县。临别时，胡宝玉跟汪庆和、胡灶苟、胡经

图2-1 部分技工人员合影（左起：方生全、胡灶苟、储炎庆、甘金元，胡雍提供）

琛等几位负责人讲，回去后应要求县里立即成立工艺美术社（组），集中现有的力量尽快恢复砖雕、石雕等工艺品生产。同时，他又向歙县手工业管理局罗时望副局长等建议，把这批砖雕技术人员留到县里组织社（组），以便恢复生产。

歙砚厂原厂长杨震在接受访谈中谈到了另外一些情况：

1961—1962年，中日开始有些交流。有些日本友人来中国，问周总理歙砚现在还有没有。总理就问安徽。当时安徽也不知道这个歙砚的情况，然后就查历史记载，一查才知道在徽州，在歙县，然后就派省进出口公司的人到这边来找。到这里也找不到，又查历史资料才知道这种石头在婺源的砚山。我们又派了一些人到婺源去找。这个坑都有一两百年不采了，都被埋掉了，当地老百姓也不知道在哪里，后来才找到那个地方。组织人开

图2-2 胡经琛工作照（胡雍提供）

掘，又陆续发现诸如断掉的锄把之类的东西，确信就是这个地方曾经开挖过，就进一步组织发掘。

1961—1962年，胡宝玉数次去屯溪、歙县了解失传的工艺美术品恢复情况。有一次遇到徽州军分区司令员周培振，得知他爱好文房四宝，还掌握一份有关歙砚的历史资料，立即借来抄录。他在歙县时告诉手管局领导和砖雕合作组老艺人胡灶苟、胡经琛等，要求他们组织力量去婺源寻找砚山，了解砚石老坑的情况，然后向省局汇报，为尽快恢复歙石的开采做准备。他还找到原在屯溪工作时的朋友——当时也调到歙县手工业系统工作的俞逸仙，要他一道去婺源砚山摸清砚石老坑的情况。

1962年，省供销合作联社派员到歙县传达了中央和安徽省关于恢复工艺品生产的规划，要求尽快恢复歙砚生产。歙县手管局在接到恢复歙砚生产的指示后，成立了歙砚砖雕生产合作社，把分散在农村的砖雕工胡灶苟、胡经琛、汪启渭、王金生、方水根等召集在一起，共商恢复歙砚生产之大事。通过对歙砚历史进行文献调查和文字考证，他们得知歙砚制作所用龙尾石产于原属于徽州的婺源县武溪大社西北部的龙尾山，位于婺源县城之东约50千米处，与安徽休宁接壤。在省手管局、徽州专区手管局的积极推动和具体指导下，罗时望等人积极落实此项工作，寻找歙砚砚石工作就此展开。

负责古砚坑探寻工作者之一，是歙县手管局生技股的俞逸仙（曾用名俞一仙）。其祖籍婺源县江湾公社汪口大队，距武溪大社（后改为砚山）不远，熟悉当地方言，又有人脉关系，加上之前在龙尾石的文献调查方面也做了不少工作，是寻找古砚矿的最合适人选。1963年2月，歙县手工业局安排俞逸仙、胡灶苟、钱泥寿3个人组成砚石探察小组，根据文献资源线索去江西婺源调查古代砚石坑口。

砚石探察小组来到婺源县手管局，与婺源的同事一道，来到龙尾山，在当时港口公社书记吴永康的陪同下，遍访街巷，了解情况。然而，当地百姓对龙尾砚石一无所知。吴永康在接受笔者访谈时说，他在此之前一直没有歙砚这个概念。

后来，通过社队的支持，邀集乡里老人回忆，在龙尾村找到2位关键人物——鲍玉林和江义保，时年均为62岁。据鲍玉林介绍，他祖父辈以前的先人，曾用铁耙子在龙尾山耙取稍大些的砚石碎块制作砚台，其中有一

图2-3　吴永康（右）向笔者介绍当年探寻龙尾山石的过程

方砚台还卖出60银圆的高价，以后渐渐就没了。江义保是个知识分子，中华人民共和国成立前做过私塾先生，是吴永康的老师。他在古代文献中看到过苏东坡用龙尾石砚的资料等，对歙砚有些知晓。

江义保带着俞逸仙一行来到武溪大社找到时任大队支部书记的吴永康。他们一道上了龙尾山，最后找到山上的坑口（图2-4），坑口处还留有一个圆洞，为碎石所填盖。他们根据史料记载等信息确认这就是老坑所在地，山脚有一深溪，即文献中所称的芙蓉溪，因而推测砚石矿脉是从溪下一直延续到山上。他们找了几块石头，钱泥寿用凿子试凿样品后感觉不能制砚，大家推测是因为地表岩石经过长年风化不堪制砚，而只有开采出深埋岩下、细腻光滑的"石心"才能雕刻砚台。探察小组的工作卓有成效，他们带着从砚矿周围找到的砚石样品回到歙县。3月10日，俞逸仙执笔撰写了调查报告，向省手管局报告了这次调查的结果，并提出帮助解决恢复歙砚生产所需要资金问题的要求。经过一段时间的准备，4月初，砖雕组召开会议，提出组织采石小组及开采工作方案。歙县手工业生产合作社联合社作出2000元的试采经费预算，省手工业合作社联合社予以支持，同意从省供销合作联社留成的合作事业基金中予以解决（图2-5），当年又从其他渠道拨款予以支持。

胡宝玉谈到，1963年上半年胡宝玉还是手管局计财处副处长。他们接到歙县手管局初步探究砚石情况的汇报，经省局王渔局长和分管工艺美术的朱光副局长研究同意，省手工业管理局拨款1.5万元作为歙砚试产经费。1963年下半年胡宝玉调回工艺美术处任副处长后，考虑到歙石的正式开采需要地质部门的考察与鉴定，他提议陪同地质部门的专家一起到现场考察一次，得到王渔局长同意后，省地质局

图2-4 古代开采过的坑口

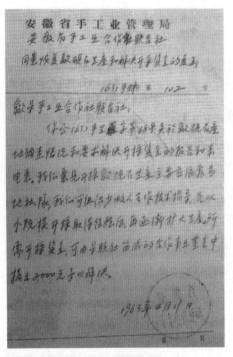

图2-5 批复原件

滕局长选派徽州332地质队袁守诚技术员负责此项工作。胡宝玉与袁守诚一道来到歙县手管局，又带上罗时望局长和工艺社的俞逸仙，4个人乘车先到休宁五城，后面的路不通汽车，只能步行，到了璜茅岭下还住了一宿，前后一天半时间，翻山越岭，才到达婺源港口公社砚山大队。当时由砚山大队负责人吴永康和歙县砚石试采组负责人钱泥寿接待商谈。他们经过几天对砚石资源、石质、品类、分布、开采等情况进行探察、分析研究，又与吴永康等座谈研究开采工人的住房、生活以及正式开采等有关问题。袁守诚写了歙石的分析情况。胡宝玉回到省局作了汇报后，研究决定正式投资开采。[1]

1963年初，歙县手工业管理局将从合肥模型厂回来的6名砖雕艺人和新招的3名学员充实到"歙县城关砖雕生产合作小组"。4月得省局批复同意后，又从建筑社、石灰社等单位抽调技术工人与学徒组成"婺源采石组"，由俞逸仙带队前往龙尾山采石。当时砖雕生产合作小组只有7名砖雕工和6名石工，除2名留下继续生产砖雕和准备试制歙砚外，全部进入采石组名单。

凌红军查到1963年6月8日歙县手管局提供给歙县粮食局的一份开采砚石组名单[2]，其中有当年最早一批参加砚石开采工作的人员信息。他们是建筑社的胡灶苟、方灶炎、胡冬春，石灰社的余守江、钱奕正、凌成茂、钱奕银、张光佑、钱奕寿、何安禄、凌齐武、汪荣奎、章铭祥，建筑

---

① 胡宝玉，《歙砚的恢复与发展》，《文房四宝》，1999年第1、2期（合刊），第19—23页
② 凌红军，《歙砚——风云情怀》，南方出版社，2011年10月版，第17页

社的钱泥寿、张发金、王金生，由联社选派的干部俞逸仙带队，于1963年4月下旬到达砚山村后立即开展工作。

后来几年在施工过程中又陆续从篁墩制瓦厂、砖雕组、竹器社、建工队、石灰社等单位抽调人员，前几年基本保持在十几人的规模。除了上述人员外，还有手管局的干部左维荣、建筑社的

图2-6　采石组的成员王金生和凌齐武

徐生才、食堂的何孝如、县刻字社的学徒工黄荫生，以及后来陆续加入的江仲煊、洪张生、江志荣、鲍明、叶炳炎等，都参加过砚石开采工作。

据胡秋生回忆，其父胡长彩十几岁时学习箍木桶手艺，参军后到厂上班，约在1965年转到歙砚工艺厂，在1965—1966年加入砚山采石组并担任过组长。

在接受采访时，杨震谈到了一些情况：

汪全兴也熟悉情况，他本来是饮食服务公司经理，跟我父亲一个单位，后来调到我们这个厂当厂长。再有一个就是老徽墨厂的厂长程皋，歙砚厂兴办之初是由程皋负责组建的。这几位对于歙砚厂前期的发展过程最了解。如果想很客观地了解这段历史，把这几个人找到，让他们从不同角度描述，综合起来就可以了。当时《人民日报》报道歙砚恢复生产消息的作者是李明回。当时生产的产品基本上是上海外贸来收购，内销也就是像荣宝斋有一点，数量很少。到了1975年，江西那边看到这个东西有钱赚，趁着当时管理比较乱，就鼓动村里人出来挑头，把工艺厂派去采石头的人赶走，不让我们开采。

砚山在砚山村的西面，距离约300米，比高约300米，山之南面有一条东西流向的小溪，即古代所谓的"芙蓉溪"。首先在龙尾山西面坡进行

图 2—7　当年开采砚石的情形（一）

地形测量、开采位置确定和碎石清理等工作。5月12日至10月底进行试采，按照当时与婺源方达成的协议，每月付15元"山费"。开采位置在龙尾山山腰距路面40米高的金星眉纹岩体和罗纹岩体，开采面长35米、宽30米。

　　图2—7、图2—8记录了当年开采砚石的情景。当时的工作条件十分艰苦，采出的石料必须肩挑背扛运至村口，用汽车运输必须由人工运送到5千米外的港口村上车，刚开始阶段汽车运输还要经过婺源县城，绕道景德镇、祁门，才能到歙县。住宿和医疗等条件也十分艰苦。他们采用最原始的方式进行试开采。由于试采以地表石层为主，也没有检验程序，采出

图 2—8　当年开采砚石的情形（二）

的石料成品率不高。好砚料往往包藏于大岩石之中，为砂岩或砂质板岩所夹盖，正所谓"麻石三尺，中隐砚材数寸而已，犹玉在璞也"。试采阶段累计开采砚料3991块，约13.36吨，其中以带有金星、罗纹等纹理的石料为主。经老艺人胡子良鉴评，石质良好，可以进一步组织开采。

汪培坤在徽州工艺美术界阅历很深，1950年出生，1964年12月底参加工作，一开始就跟师傅吴水清学习砚台雕刻技艺。他回忆说，当时开采砚石的都是歙县派出的，但屯溪这边也要分到一些供应的计划。他曾经跟随师傅去婺源接收石料，所以了解一些情况。他说，现在看到的砚山老坑与当时大相径庭，山脚下的那条公路在当时相当于在半山腰上，现在的河床也被抬高了很多。那时在旧的河道边只有一条可以拉板车的土石路。当时采石料先要把表皮层清掉，一直到找到可用的石层为止。这些废石料就把河床抬高了很多，逐渐形成现在这个样子。采石的方法完全是人工，先用锤钎打洞，放少量炸药爆破，俗称"放闷炮"，目的是把石头震松动，便于手工挖掘。爆破的威力不能太大，否则就会把石头震碎了，成为废品。歙砚的石料很难取，这个板层取用之后，下一板层有可能是没有用的。有的地方就是再挖一丈深都不会挖到有用的石料。在同一板层，细一点的能用，粗一点就没有开采价值了。有一次他跟师傅去接料，他师傅到砚山验货，在每块上用红漆标上石料的重量，然后由当地农民用背篓背着，走15千米的山路，经过羊斗岭、塔岭到达休宁璜茅村。汪培坤在那里接收装车。璜茅是毛竹产区，他们开车到那里主要是装运竹子，顺便带回来。

那个年代完全是计划经济，像砚石这种稀缺资源的开发利用也是国家统一调配，对于当地农民来说不讲代价，歙县派人在这里开采砚石只付给当地生产大队一定的"山费"，砚石的开采是无偿的。不过据吴永康介绍，歙县对婺源也有一定的其他方面的补偿，比如砚山这边烧制石灰生产，歙县那边一方面帮助联系销售渠道，另一方面无偿地将石灰石运送过来，等等。

1964年春节过后，采石组租用的龙尾大队的两层小楼被收回，作为婺源县社会主义教育工作组和民兵队的住所。采石组改租大队的一处养猪场，经整修后成为后来的长期住所。图2—9为这些房屋现在的状态。

图2-9 采石组的住地原址

1964年332地质队袁守诚考察砚山时，在河床北侧发现古代采石留下的旧坑和掘凿岩石的痕迹，由此处向上到北坡约30米处分布着大片古代采掘的废石堆，堆积厚度最大约2米。再向上至山脊南端见南北向水平开采老坑1处，洞口高仅容1人。洞顶之上约2米是坡积层，为植物所覆盖。

1964年5月1日，歙县手管局提交了《关于当前歙砚砚石试采工作情况的检查汇报》，提出"对歙砚的生产不应视为企业性的生产（尤其是采砚料的过程），应该从国家发展文化事业需要出发，保持传统名誉"，进而提出不能仅依靠砚台销售收入来解决投入不足问题和为了保证歙砚的恢复开采砚料工程得以继续，应该有全面、长期的打算和规划。①

1964年3月7日开工，采石组的同志们发扬"一不怕苦，二不怕死"的拼搏精神，按照质量第一的原则，全年完成25吨砚石的开采工作。

1965年，采石组的人员被抽调逐渐减少，至年底时仅有5人在采石场工作。歙砚生产虽然受到干扰，但采石组的工作一直没有中断，此后数年一直保持有5~9人坚持采石生产。

① 凌红军，《歙砚——风云情怀》，南方出版社，2011年10月版，第21—22页

1969年，歙县工艺厂授予砚山采石组"砚山红旗"称号，表彰何安禄、凌齐武、章铭祥、江志荣、吴存红、吴伏光（当年调入）等6位同志的艰苦奋斗、甘于奉献的先进事迹。材料中称，采石组7年采砚石75吨。

1971年采石组有9人，全面开采砚料6.23吨，加工砚坯348方。1972年，歙砚的出口形势出现利好，采石组砚石开采量也有较大增幅，全年开采10吨砚料，其中出现了一大批带有金星的石品，表明此时已经触及金星坑。

1973年国务院批转外贸部、轻工业部《关于发展工艺美术生产问题的报告》，对于工艺美术业发展具有重要促进作用。为了完成迅速增加的生产任务，砚山采石组大量增加人员，由9人增加至25人，并且把驻地整修一新。此时的工作面接近眉子中坑。然而，正当采石组准备大干一场的时候，遇到了一些麻烦事：采石场出现较大面积塌方，清理整顿历时2个多月；夏天又发生了爆破山岩时飞石击中一名小女孩致残的悲剧。

同时，随着歙砚市场走热，生产厂家增多，出现争夺原料的现象。例如，1973年夏，浙江绍兴平水竹业社、绍兴工艺厂来砚山大队以每斤50元的价格收购砚石。10月上旬，婺源县龙尾砚厂成立，其作为婺源本地的歙砚生产企业，使得砚石的需求有了一个巨大的增量。

在这样的背景下，婺源县砚山砚石矿应运而生。一开始是从溪头公社所辖9个大队中抽调15人组成采石组，砚山大队的支部书记吴永康兼任矿长。次年由于两方面工作很难兼顾，吴永康不再担任书记，专职担任矿长。砚石矿成立之后，从1973年8月起，歙县的砚山采石组就不得不停下来。汪培坤回忆说，当时有一次，他与二轻局副局长刘世成和经委领导去过婺源商谈砚石供应的事，发现婺源已经开始有作坊自己做砚台了——在婺源的一条马路边有一排小房子，是婺源农机厂牵头组织的。

据杨震介绍：

我们被赶走之后，江西就成立了砚石矿，属于村集体，吴永康当矿长了，招了十几二十来人，开采石头，卖给我们。这样他们就有了一些收入。之后，他们自己又成立了一个工艺厂，开始生产砚台。我们不同意他们做歙砚，因为他们是江西省，做了砚台也不能叫歙砚。于是他们就叫龙尾砚。之后几年，他们开始在砚石供应方面卡我们，开采出来的石头，先是他们自己选用，剩下的才供给我们，这样我们就等于拿的是下脚料了。我到歙县工艺厂去的时候，厂里已经开始走下坡路，因为拿不到好的砚石，生产就有了些困难。两边经常发生矛盾。

徽州地区手管局、歙县手管局，包括上海市工艺品进出口公司派员与婺源县溪头公社就采石问题进行协商未果的情况下，1974年9月27日，婺源县手管局和溪头公社的领导在砚山大队召开村干部会议，明确宣布砚山采石组即日起停止作业，限期撤离。

后来两省、地、县主管部门的领导多次就开采等方面的问题会商。汪培坤回忆，1974年下半年，因为石料供应问题徽州与婺源打起了官司。原因是婺源本地也开始制作砚台，双方为了石料分配的事情发生争执。当时上山开采石头都是安徽的人，当初也是安徽省工艺美术公司投资的。当时石料紧缺，屯溪还有一些库存。后来徽州地区二轻局和经委两部门一道与江西省谈判，但没有达成一致意见。地区之间的谈判持续了很久都没谈妥。后来到了省一级开始谈判，省工艺美术公司、安徽省轻工厅与江西省轻工厅谈，也没谈妥，一直僵持着。最后到了中央，当时王震任副总理，分管轻工业，在他的领导下才形成最后的裁定，明确采矿权交给江西。

胡宝玉回忆，1975年5月下旬，省工艺美术公司胡宝玉与徽州地区二轻局局长于江和生产科长罗文龙、歙县二轻局局长胡祝炳、歙砚厂俞逸仙等5位第一次到江西南昌向省革委会领导汇报，5月22日在江西省二轻局商谈。参加会议的有省二轻局局长高学敏和组长范钟，工艺美术公司朱德荣、朱源根、李东海、赖涛等，还有婺源县二轻局负责人汪姓同志等，共同商谈砚山的歙石开采等有关事项。[①]

然而，大局已定，采石组从1963年开始在龙尾山探查、试采和在砚山村长达十余年的采石工作，找到了封闭一百多年的古砚石坑，完成了恢复歙砚生产所需石料的开采任务。他们在此过程中一直得到当地老乡的支

---

① 胡宝玉，《歙砚的恢复与发展》，《文房四宝》，1999年第1、2期（合刊），第19—23页

持与照顾，与当地老乡结下深厚友情。大量的人工运输工作也都是当地老乡协助承担的。

此后，砚山的石料完全由砚山砚石矿开采，生产出砚石或砚坯。生产的砚石按四六开分别供应婺源和歙县，歙县这边占60%。普通的毛坯石按每吨1050元销售给歙砚和屯溪，有金星、眉纹的每吨1575元。每吨石料有一半以上不合格要被剔除。砚石矿每年收入有数万元。矿里每年要给农民一定的补贴。

自1963年试开采以来，每次采出来的矿石都要运到旁边，筛选后符合要求的砚石被运走，不符合要求的则留下，长年累月就在那一片山地积累了一大批砚石。后来这个地方杂树长起来，成为柴林，等到再发现这批砚石的时候，就将其命名为柴林石。这些石料中有的表面有银星，有的带有一些类似梅花的点状金晕，据分析可能是原有的金属成分经过上千年的氧化形成的。还有一些表面似乎没有纹理的纯黑的石料，就被称为黑龙尾。根据纹理，这些石料一般被归为金星坑老料。

也有人认为，柴林石是古代开采石料遗留下来的，说这是一个堆放刚开采出来的石料的地方，在此对石料进行挑选，长年累月就形成一处石料堆。但更合理的解释是，这些石料就是60年代以后开采的，当时由于砚山坑被打开，石料供给比较丰富，对于石料的挑选也很讲究。

对此，砚石专家汪建新解释说，古代开采的砚料以眉子坑和罗纹坑为主，但柴林石中几乎没有眉纹。当年发现古坑口的时候，他亲自测量过，每15米就有一个缺口，方向都指向大樟树，而不是柴林石出土的方向，说明古代开采的石料不是在这里堆放的。汪建新是当地人，1969年出生，小时候在山上放牛，看到采石工人将采出来的石料用板车一车车拉出来，往柴林石出土的地方拉。另外一个证据就是柴林石上的梅花钉氧化的程度并不高，可能是这些金星坑的石料堆在那里，在潮湿的环境中被空气氧化形成的，说明时间并不久远。

这些石料在当时看来都是次品，也就是其中含有石筋或者隔。当时检验的方法是用工具敲击石料，如果声音清脆就是合格的，否则视为不合格，因为可能其中有裂隙。当时还没有对裂隙的补救办法，所以只要有裂隙就要废弃。现在看到的柴林石都是比较厚实的，其中可以取出非常好的部分。这种解释可以得到佐证：汪培坤谈到他陪师傅一起去砚山选料，师傅要在现场挑选，用红漆在合格品上作记号，他在璜茅这边接货，当时的淘汰率大约一半，也就是有一半的石料被视为不合格。

随着砚石开采进程的不断推进，他们在龙尾山陆续发现了唐、五代、宋等时期开采过的旧的坑道。其中在龙尾山的西面山坡有4个，分别为：靠西侧是唐代开采的眉子坑，东侧有南唐时开采的罗纹坑，罗纹坑上面的是宋代开发的金星坑，还有已经被埋在公路下方的南唐时开发的水舷坑。这4个坑被称为四大名坑。这里出产的石品主要有眉纹、金星、金晕、罗纹、水波罗纹、玉带、彩带、龟甲等。据杨震介绍，眉纹石严格说来是1987—1988年以后才发掘出来的，此前用的石头都是以金星、水浪纹为主的。与四大名坑隔芙蓉溪相望的是水蕨坑，俗称对河坑，所产石料以对河石、黄皮眉为主，也有少量的金星、金晕石。

这四大名坑同处于一个面积并不宽广的倾伏背斜构造中（图2—10），背斜的上（左）翼，自上而下分布着眉子上坑、中坑、下坑3个坑口，背斜的下（右）翼自上而下分别有金星、罗纹、水舷3个坑口。水舷坑位于芙蓉溪边。背斜的顶端出产龟甲纹砚石。据332地质队袁守诚、程明铭的考察报告，砚山处于障公山东西向构造带的东南部，砚坑位置在小倾伏

图2-10　吴永康之子吴玉民绘制的老坑矿区图

背斜轴部，轴向80°～260°，南翼倾向190°、倾角30°、北翼倾向340°、倾角40°。砚石地质时代为前震旦系木坑组，两翼分布的岩性为黄褐、灰绿色千枚岩夹千枚状砂岩。近轴部分为灰黑色板岩。砚坑中板岩厚度为18米，可作砚料者5米左右。经显微镜下鉴定岩性为含粉砂板岩以及砂质板岩，其中适于制砚的岩石占30%，可见罗纹、金星、金晕等天然纹饰。

眉子坑在龙尾山之西，距芙蓉溪30米左右。唐开元年间开始开采，宋代达到高峰，元代之后未见有关开采的文字记载，20世纪60年代初重新发掘。此坑从上至下分为3处：上坑（主要石品有鱼子纹、线眉、鳝肚眉纹、白眉、龟背、枣心眉等）；中坑（主要石品有粗眉、长眉等）；下坑（主要石品有细眉纹、短眉纹、暗细罗纹等）。上坑眉纹偏细，折光不强烈；中坑的眉纹比较长、较阔，眉纹之间交织较多；下坑所出的眉纹最典型，其纹色清晰，石质莹润光洁，为上品。

另外，眉子上坑以及之上的部分石层中，有些石头也是优质砚石，主要石品有鱼子纹。

罗纹坑位于眉子坑东侧，南唐时开采。石品有粗罗纹、细罗纹和刷丝纹等。

金星坑又称罗纹金星坑，在眉子坑东侧。宋时开发，后停采，20世纪60年代初重新发掘。石品主要有金星、金晕、玉带、彩带、罗纹等，石质上乘。

水舷坑位于眉子坑下芙蓉溪旁，南唐时开发。矿坑低于溪床下5～6米，常年水淹，开采十分困难。此坑于1979年和1986年被两度集中人力、物力进行过重点开采。石品主要有金星、金晕、水浪纹、罗纹等。2005年2月4日，因拓宽砚山村的马路，水舷坑被填平了。一个名坑在经历辉煌后再度沉睡地下，或许这是对水舷坑最好的保护。

经过30多年的开采，到了2000年之后，这些原本一个个独立的坑口逐渐连成了一片，成为开放式的开采的工作面。

1982年吴永康所在的矿计划开采水舷坑，由于是在水下开采的施工难度很大，必须在每年10月水位下降后才能开采。图2—11就是1988年拍摄的水舷坑用抽水泵抽水的场景，图2—12则是人力挑出开挖的土石的场面。但由于缺乏资金，吴永康去歙县歙砚工艺厂找到叶善祝厂长，希望他们给予支持，借给他们8000元，将来用石料偿还。叶善祝不同意，理由是双方是买卖关系，一手交钱一手交货。如此一来，歙县的石料就断供了。

甘而可在接受访谈时告诉笔者，到了80年代，随着改革开放的不断深入，砚山的砚石销售渠道出现了多元化现象。1986年，有一次有人用"解放牌"汽车拉来一车老坑的砚料，有水波纹，也有金星之类的。当时他在屯溪工艺美术研究所工作，他们向所长汪培坤强烈建议买下这车料，但是由于所里经费不足，没有买下来。后来这车料被歙县胡开文墨厂收购了，价格是每千克1元钱。

据杨震说，在砚山矿成立之后，婺源开采出来的石头，先是满足龙尾砚厂自己选用，剩下的才供给歙县，因此歙砚厂拿到的等于是下脚料。因

图2-11　1988年水舷坑采石的场景（吴玉铭提供）

图2-12　　1988年工人在水舷坑挑石的场景（吴玉铭提供）

此，在他到1980年从部队转业到歙砚厂之时，厂里开始走下坡路了，因为拿不到好砚石，生产就遇到困难，经常与婺源砚矿发生矛盾。

两边为石料供给问题打起持久的官司，一直反映到国家轻工业部，但没有得到很好的解决。后来安徽省委书记张劲夫找到江西省委书记白栋材商量，为了缓解企业之间的矛盾，地区和县政府决定把厂长换了。叶善祝不担任歙砚厂的厂长之后，杨震接任厂长，与吴永康的关系处得很好，砚山矿又开始供应石料。80年代屯溪和歙县的龙尾石料主要是来源于婺源的农民。杨震回忆自己接任歙砚工艺厂厂长前后处理与吴永康关系时说：

我去歙砚厂的时候厂里处在即将进入谷底的状态，当时婺源那边卡我们，不能我们原料。当时刚开始改革开放，省领导非常重视，省长代书记周子坚是从部委下来的干部，亲自写信给江西省委书记江瑞卿和省长白栋材。徽州地区也派一个分管工业的副专员带着我们，还有二轻局的同志一起到婺源去谈判。后来安徽省委书记张劲夫和江西分管工业的副省长说：这个歙砚如果你们江西搞不好，干脆就把那块地还划给安徽，让这边的人去搞。但是江西不肯这样做。尽管如此，上级领导之间的对话为我们下面

图2-13　1998年水蕨坑采石的场景

进行交流打开了局面。叶善祝是厂长，跟吴永康他们一见面就吵。吴矿长来歙县叶厂长也不接待，让他自己去住宿和吃饭。我当时比较年轻，私底下就去陪他吃饭，跟他聊天，后来慢慢地关系就比较融洽了。我跟吴矿长订了一个君子协定：双方都不在上级领导和记者面前讲对方的缺点，有问题坐下来一起磋商解决。

　　我当厂长之后给吴矿长出个主意，让他在老坑的边上再开一个坑，把这个新开坑口的石料卖给我，老坑还是归他们用。吴矿长觉得有道理，但是开新坑需要资金。我就提出借给他3万元，将来用开出来的砚石抵还。后来就在边上开了一个坑，但始终没有出料。但为了还这笔钱，他就同意在原坑口开采的石料中给我一部分。这样一来二去，我们俩的私交就很好了。后来情况就反转过来了，原来他开的料要先送到县城，等他们选完了再让我们去挑；后来是先通知我们去挑，剩下的送到县城去。有一次他那里需要平价钢材（当时实行价格双轨制），我也找这边帮他弄点计划。关

图2-14　杨震（右一）、汪永龙与北大的郑辙教授在砚山

系好了，原料的质量就上去了，产品的品质也就改善了。到1987、1988年，眉纹料出来了，加上大料也有了，上海外贸的订单就多起来了。我当厂长期间年利润最高时可以做到40多万元，销售额也就只有200多万元。

1990年前后，随着黄山旅游业快速升温，歙砚的销路逐渐打开，砚石的价格逐渐提高。当时，购买石料方式不是整车一个价，而是按一方料多少钱，或者一批料多少钱的方式论价了。甘而可1988年在老街上开了一家叫"集雅斋"的店从事文房用品生意，婺源那边的农民经常带着砚石出来，肩挑车拉，运到屯溪这边。有人带着砚石送到他门口，比较好的10元、15元一块。稍微好一些的，比如带眉纹的，七八寸大的仔石得50元一块。像50元左右的石料，买下之后做成砚就能卖200～400元一方。特别好的石料也有要200、300元一方的。到了1993—1994年，八寸大小的一方料价格上升到500～1000元。

1993年吴永康退休，之后又接着帮忙做了3年。从1996年开始开采的量就比较小了，1997年之后逐渐地结束了，只有零星的生产。

1963年以来，砚山究竟开采出多少砚石，目前没有完整的记载。笔者于2015年1月17日第二次访谈吴永康是在他婺源县城的家中，他们老夫妻还盛情地邀请我在家里吃中饭。2016年5月，笔者从其子吴玉民的微信朋友圈中得知老人家已因病去世。

当笔者问及历年开采量时，他拿出一个笔记本，是他使用了40多年的一个普通的笔记本（图2-15），其中记录了1980—1992年砚矿销售砚石给龙尾砚厂、歙砚厂等歙砚制作厂的量及收入情况，详见表2-1所列。

图2-15 吴永康记录的矿上历年销售收入

表2-1 砚厂矿1980—1992年销售情况表

年度	出售单位	品名	单位	数量	金额（元）	单价	年度合计（元）
1980	龙尾砚厂	砚石	千克	31725.5	38953.20	1.23	49589.18
	歙砚厂	砚石	千克	11179.0	10635.98	0.95	
1981	龙尾砚厂	砚石	千克	25264.0	29931.84	1.18	39858.65
	歙砚厂	砚石	千克	9875.6	9926.81	1.01	

年度	出售单位	品名	单位	数量	金额(元)	单价	年度合计(元)
1982	龙尾砚厂	砚石	千克	14744.5	17166.45	1.16	28230.73
	歙砚厂	砚石	千克	11185.5	11064.28	0.99	
1983	龙尾砚厂	砚石	千克	12080.0	13187.47	1.09	26056.77
	歙砚厂	砚石	千克	18217.5	12869.30	0.71	
1984	龙尾砚厂	砚石	千克	7857.5	10617.03	1.35	29804.75
	歙砚厂	砚石	千克	19192.0	19187.72	1.00	
1985	龙尾砚厂	砚石	千克	14677.5	15762.63	1.07	47828.06
	歙砚厂	砚石	千克	21077.0	18365.83	0.87	
		砚坯	方	4980.0	8974.60	1.80	
	四宝研究所	砚石			4725.00		
1986	龙尾砚厂	砚石	千克	19459.0	20431.95	1.05	52987.62
	歙砚厂	砚石	千克	28305.0	28879.67	1.02	
		砚坯	方	741.0	1398.50	1.89	
	炳华				2277.50		
1987	龙尾砚厂	砚石	千克	38968.0	43902.62	1.13	72563.65
	歙砚厂	砚石	千克	23226.5	24387.83	1.05	
		砚坯	方	2264.0	4273.20	1.89	
1988	龙尾砚厂	砚石	千克	68808.0	75747.94	1.10	184605.50
	个体	砚石	千克	14687.5	15421.78	1.05	
	歙砚厂	砚石	千克	83209.0			
		砚坯	方	341.0	93435.78		
1989	龙尾砚厂	砚石	千克	41885.0	49229.25	1.18	195997.02
		砚坯	方	332.0	15835.00	47.70	
	个体乡镇	砚坯	方	783.0	70170.94	89.62	
	个体乡镇	砚石	千克	16991.0	18347.08	1.08	
	歙砚厂	砚石	千克	40375.0	42414.75	1.05	

年度	出售单位	品名	单位	数量	金额(元)	单价	年度合计(元)
1990	龙尾砚厂	砚石	千克	41500.0	43837.50	1.06	329316.50
		砚坯	方	376.0	17933.00	47.69	
	上海	砚坯	方	736.0	198530.00	269.74	
	歙砚厂	砚坯	方	261.0	32331.00	123.87	
		砚石	千克	33700.0	35385.00	1.05	
	朱晓峰	砚板	方	6.0	1300.00	216.67	
1991	歙砚厂	砚石	千克	99938.0	113859.90	1.139	300907.28
	龙尾砚厂	砚石	千克	42785.0	65724.38	1.54	
	百佑公司	砚板	方	115.0	51700.00	449.57	
	工艺雕刻厂	砚板	方	376.0	53332.00	141.84	
	屯溪福利厂	砚板	方	58.0	5166.00	89.07	
		砚石	千克	1000.0	1575.00	1.58	
	晓容砚厂	砚板	方	17.0	3000.00	176.47	
	岩寺南昌	砚板	方	39.0	4550.00	116.67	
1992	各地						336900.00

注:单价栏数据原笔记中没有,是笔者换算出来的

2000年县里把这个矿的开采权由县二轻局经办贱卖给总部在上饶的伟耀集团,一开始没有开采,后来准备开采的时候,当地老百姓意识到这里面的问题,集体起来护矿,所以没有实际开采。由于当地群众强烈地向县政府反映,县里就派遣了3个人轮流守矿。

2005年乡政府拓宽这个砚山旁边的马路时（图2—16）,正好经过眉纹下坑,就组织了一次开采,开出来一些眉纹石,还用上了开到坑口的修路用的挖掘机。这次开采出一块巨大的眉纹石。据吴玉民介绍,它是眉纹中坑盖坑口的石料,是宋代开采的,裂成几块,有用的层当时都被凿完了,只留下很薄的一层眉纹,后来拍卖时以300多万元的价格成交,现存放在婺源。

2012年笔者在老坑口公路上见到一位看守坑口的老人洪培淦。他是接替他人在这里看守的（图2—17）,日夜看守,镇里给他的待遇是每月1500

图2-16　2005年2月4日水舷坑因马路加宽而被填没

图2-17　2012年砚山老坑口的看护和他的棚子

元。他介绍说，2011年7月，村里又组织了一次开采，全村90余户，每户出一个劳动力，如果男人不在家，就来一位妇女。总共开采了4天，最后所得销售款，除了镇里提留一部分外，按户进行了分配，凡是男劳动力参加的得5万余元，妇女参加的得4万多元（打8折）。他说，2010年也开采过一次，每户分得四五千元。从2012年起就彻底禁止开采了。

2015年1月，笔者再次去这里，原有的棚子被拆除了，也不见有看守人，取而代之的是电子监控设备（图2-18）。

2019年12月，笔者又来到砚山时，看到村里在老坑口旁边盖了一些永久性建筑，图2-19为笔者站在建筑旁用手机拍下的照片。山坡上的绿植覆盖得更加厚实，似乎在慢慢地抹去人们对这里曾经发生的长达半个世纪的热火朝天的采石场面的记忆。可能要再过百年甚至几个世纪之后，这个充满神奇传说的老坑才会被再次打开。

图2-18　砚山村坑口的监控设备

图2-19　2019年老坑口的情形

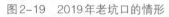

第二节 其他歙石的发现与利用

一、休宁、歙县境内的坑口

1. 休宁流口石

古代歙砚制作所用砚石并不局限于龙尾石一种，《歙砚说》中说歙石时提到的歙石坑口有很多，如"歙县出刷丝砚，甚好，但纹理太分明，无罗纹，间有白路白点者是"，又提到"祁门县出细罗纹石，酷似泥浆石，亦有罗纹，但石理稍慢，不甚坚，色淡，易干耳。此石甚能乱真，人多以为婺源泥浆石，当须精辨之也"等，都说明这一点。然而，当代发现的坑口是不是古籍中提到的歙石坑口往往难以判断，但可以肯定的是，古代开采过的坑口迄今仍有未发现者。

早在1964年7月，砚山采石组的工作刚刚进行一年多，其他砚石资源的探查工作就已经开始。安徽省地质局332地质队高级工程师袁守诚等赴皖赣边区进行砚石材料调查，还编写了《皖赣边区歙县、休宁、婺源一带砚石材料调查简报》。

70年代以后，歙砚生产开始呈现供不应求的局面，出口计划常常无法完成。在这难得的利好形势下，在国家和省政府的全力支持下，歙砚工艺厂不断加大投入，提高生产能力。然而，让大家始料不及的是，危机正在悄然发生。面对同样的发展机遇，婺源这边作出决定，收回砚石资源的开采权。如前文所述，1974年9月27日砚山采石组撤离婺源之后，歙县工艺厂歙砚生产的原料由婺源县手工业经理部供给，原料限制对于歙砚生产所带来的影响越来越深，要想扩大生产，必须另谋出路。

首先取得突破的是，1973年初休宁县西南部流口区汪村乡境内发现休宁流口石。这里地处皖赣交界的障公山区，海拔300～1000米，区内山峦起伏，沟谷纵横，人烟稀疏。当时正在修建汪村至大连的公路，沿线开山放炮过程中，群众发现一些地段有类似于砚石的板岩分布。休宁县手管局于1973年在休宁流口大连一带先后有多个坑点开采砚石，至1975年省局共投入4.6万元，重点开采麻田口的46号坑（在46、48、49、50号里程碑处都有开采）。其石呈青碧色，与龙尾石相比，色泽略显淡绿，质地多略粗，其纯净者发墨效果很好。1973—1976年共开采砚石40吨左右。[①]

地质部门勘察后认为，流口至婺源东北诸山，均为前震旦纪的千枚岩及中震旦纪的泥质页岩、砂质、碳质、油质页岩。两者的差异在于区位不同，一个是处于障公山东西向构造带中部，另一个则处于南东部。流口处在龙尾山之北，当地人称之为龙头，所产砚石为龙头石。

当然，程明铭认为流口石与龙尾石相比存在不少弱点，在色泽、细匀度等方面均不及龙尾石。尤其在当时一度原材料供不应求的时候，生产中追求数量、忽视质量，大量有裂隙和石筋的深灰色板岩混入其中，滥竽充数，以至于最后做出的成品品质太低。这也是后来休石工艺厂昙花一现的根本原因。

除麻田坑外，冯村砚坑所产砚石也是比较好的。其地质结构、岩性和纹色与麻田坑相同，而发墨极佳，但是与婺源老坑石相比硬度略大些，雕刻稍感费工。[②]

汪培坤对这段历史记忆犹新，因为他数次到现场考察，参与论证等工作。他回忆说：

1973年开采流口石，是在修流口到汪口的公路时开挖山石之后发现的。休宁县轻工业局的一位解放战争时参加革命的离休干部老叶是勘探专业的，修公路时在工程指挥部，开挖修路过程中发现这个流口石，就向地区二轻局汇报。徽州地区二轻局副局长刘石澄（江西籍老红军）立即组织一班人，二轻局的一个、我一个、老叶一个。一开始歙县那边还在为老坑石料开采问题打官司，厂里囤积的老坑石料还有几十吨，对这个不太感兴趣，没有派人参加。休宁县流口区（当时作为县派出单位，一个区下面有几个公社）手工业联社的方冬林，带着我们一路进去，到达后找到修路工程中负责开石料的项目负责人杜达拉（音），他是浙江人。我们带了几块

① 凌红军，《歙砚——风云情怀》，南方出版社，2011年10月版，第29页

② 穆孝天、李明回，《中国安徽文房四宝》，安徽科学技术出版社，1983年11月版，第136—137页

石料回来，做成几方砚版样品，送给上海外贸的汪耀棠，请他们鉴定。上海外贸又给日本商人看，认为不错，就开始下单订货。省二轻局和徽州地区二轻局都有资金投入，主要用于购置开采石料的设备，组织开采。我们徽州工艺厂拿了一部分订单，组织生产。休宁县二轻局也组织了一个班子，有七八个人制作砚台，在休宁竹编工艺厂增加了一个砚台车间。徽州工艺厂的徐丽华老师傅的女儿徐有好当时也被聘用在那里做漆盒（后来徐丽华退休时，徐有好"顶替"进了徽州工艺厂）。

流口先后发现麻田坑口、冯村坑口等。刚开始开采出来的石料还不错，质量较好的石料接近龙尾石，做成的砚台有银花、银星、白色的。当时歙县工艺厂和地区二轻局还在和婺源处理石料问题。这时候屯溪这边歙石供应原有的正规渠道就开始断掉了，徽州工艺厂制作歙砚，既用一部分库存的老坑石，也用流口石，主要制作规矩学生砚。流口石歙砚从1975年开始出口日本，与老坑石歙砚价格基本相当。

我去了工地好几趟，晚上就睡在河边的工棚里。外贸订单下来之后，有一次刘局长还在那里主持召开过一次现场办公会，上海外贸的、省里的、歙县的叶善祝和我都参加的。当时找了好几个坑口，有麻田坑等三四个坑都开采了，我们都去看了，这些坑口的石料运出来之后都用于生产了。

当时这种砚订货不太多，我们厂后来由于老坑石料断供，加上漆器市场很好，上海口岸要求我们重点放在完成漆器订单上，所以我们从1976年年底就决定把重点放在漆器上，厂里派我带队一共12个人去上海学习漆艺。只留几位老师傅继续做砚台，不久他们陆续退休，也就停了。

流口石没有用多长时间就停了，好像到1976年以后就停了。后来我们发现，越往下来石料越不好，因为是板岩层，过了这一层就不一样了，越来越粗。估计主要原因还是没有找到最好的矿脉那一层。后来又组织力量进一步勘探，但是好像也不了了之了。

笔者找到了徐有好，向她了解情况。她1955年出生于漆工世家，从小跟父亲徐丽华学习大漆工艺，1973年3月到休宁工艺厂，是临时工的身份，负责漆砚盒。她说，休宁工艺厂开始也做老坑砚，后来以流口石为主。这个厂技术力量不强，都是跟自己年龄相仿的小青年，也到徽州工艺厂简单地培训过，但是没有高水平的老师傅。1976年要求农业户口的人员都要回归农业，徐有好就离开这个厂回到农村老家。她说在她离开之前厂里的经营情况就很不好了。由于产品没有竞争力，拿不到订单，厂里还承揽其他业务，像书画装裱用的天地杆都做过，但是越来越不景气。不久之后，休宁的歙砚生产就停止了。

此后，332地质队科研室副主任陈琼林工程师与其同事袁守诚工程师合作，对休宁县汪村至大连一带的砚石板岩作了进一步调查，1979年8月编写了《安徽省休宁县汪村大连工区砚石板岩调查报告》。据他们考察，汪村至大连以及冯村一带有10处采坑，均系露天开采，采场规模不大，长宽一般都在10米之内，坑口深度在5米之内。其中有些石料石质细腻，带有刷丝纹和金星、银星、银花等天然纹饰，可以制作规格砚。

1981年10月，332地质队助理工程师支利庚，与赵高生、马安春、李光辉、曹诚等对休宁县板桥一带砚石板岩进行了考察，完成了《安徽省休宁县漳前——花桥地区砚石板岩地质工作简报》。这些工作为日后的砚石开采埋下了伏笔。

2. 歙县龙潭石、彩带石、下河石、紫云石

歙县也恢复和发现了不少砚石坑点。相关的勘探工作开始于20世纪80年代初。1981年11月，332地质队副队长解俊臣、马荣生主任工程师、傅却来工程师以及支利庚、程明铭两位助理工程师与歙县工艺厂叶善祝等，对歙县大谷运双河口一带砚石板岩进行了考察，由程明铭执笔编写了《歙县大谷运双河口砚石调查简报》。1982年1月，程明铭根据安徽省地质局和徽州行署的指示，结合歙县工艺厂的请求，编写了《安徽省徽州地区砚石普查设计书》。1982年3月，安徽省地质局332地质队正式成立砚石普查组，从3月初开始到11月底结束，历时8个月，在皖、浙、赣3个省边区，安徽歙县、休宁、祁门、黟县，浙江淳安、江山，江西玉山、婺源等县境内进行砚石普查，完成了《1982年徽州地区砚石工作报告》。1982年7—10月，歙县工艺厂组织了吴伏淦、吴伏关、吴元诚、何安禄等几名退休老师傅，在皖赣边界休宁五城、岭南、大连、芦溪等地进行了砚石调查。1983年2月，程明铭编写了《安徽省歙县大谷运、苏川、洽河、周家村一带砚

石普查设计书》，对大谷运河口砚石矿点进行重点分析，对苏川、洽河、周家村砚石矿点进行了详细调查。1985年8月12日，程明铭完成了调研报告《安徽省歙砚石料评价技术要求及天然纹饰的研究》。1988年10月，程明铭和歙县上丰工艺厂厂长汪满和、青年工人江立明在歙县上丰乡进行砚石调查，发现了"歙红""歙青"两个新品种。杨震回忆说，当时汪云鹏在许村区担任区委书记，邀自己去现场考察。那种石头有条状的绿带纹，我们称之为"歙青"。他认为这些砚石矿如果政府不去开采，单靠个人力量很难做起来。

根据上述广泛深入的调查，徽州地区及周边的砚石矿分布情况已比较清晰。在此基础上，程明铭将后来陆续增加的一些新产地，如安徽休宁大连、冯村，祁门的胥岭、芦溪，黟县的方家岭，歙县的大谷运、溪头、周家村、三阳、竹铺、岔口、正口等标绘在歙砚砚石点分布图上[1]。砚坑的海拔高度大多在250～450米。砚石产地出露的岩性为黄绿色千枚岩、粉砂

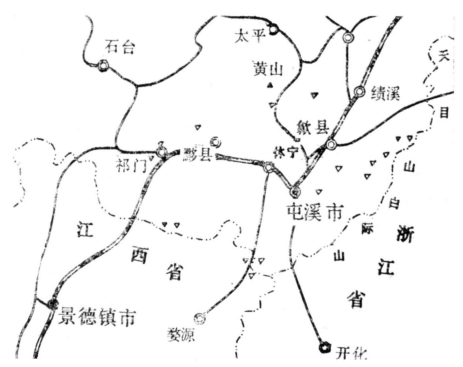

图2-20　程明铭绘制的徽州地区砚矿分布图（三角表示砚矿点）

---

① 程明铭，《中国歙砚研究》，中国展望出版社，1987年10月版，第9页

岩、砂质板岩和含粉砂板岩等，风化后为灰棕壤。此外，尚有宁国甲路丝石、衢州丝石等。

1981年8月之前，已经探明的砚区产地有5处：一是溪头镇大谷运石，也称溪头石，是歙县工艺厂根据历史文献资源，于1980年11月在溪头区大谷运公社双河口大队岱岭生产队查找到的一处砚石矿。二是岔口的紫云石，在岔口区周家村公社发现，而且早在1980年就生产了紫云石砚2169方，出口了10方试销。另外3处分别位于街口区小川公社吴家山生产队、王村区松树公社渔岸大队、黄备公社鸡子坑生产队。[①]

胡秋生是歙县工艺厂员工胡长彩之子，1997—1999年担任歙县工艺厂厂长，现为歙砚制作技艺省级代表性传承人。他回忆说：

当时地质队的程明铭先生对砚石很有兴趣，一直在寻找新的砚石，每有发现就联系歙砚工艺厂请求协助鉴定，先后发现了不少砚石，不过大多数都没有成气候。开采量比较大的有几家，最多的是给日本人做学生砚用的溪头镇大谷运石（后来取了个好听的名字叫"龙潭石"），再就是下河乡的下河石、岔口的紫云石、上丰乡的上丰石（彩带），用量也都是比较大的，其他一些石料基本上没有规模化开采。

从石料的外观看，下河石带点青绿色，淡淡的绿；岔口的紫云石有青白色和紫色两种，比较粗糙，但发墨效果很好；上丰的有彩带；溪头大谷运的石头基本上是黑色的，有时候还带点晕，很不错的晕，近些年宣城旌德那边做的"宣石砚"其实就是溪头石料，两边一山之隔。宣城那边要搞文房四宝特色乡镇，所以特别重视才发展得比较好。

溪头、上丰、下河3个公社希望利用这些资源，对本地就业和经济发展有一定的促进作用，分别建立了自己的工艺厂，作为歙县工艺厂办的分厂，由歙县工艺厂投入一定的资金，在技术上帮扶，办起来之后交给他们经营，单独核算。他们一方面向总厂供原料，另一方面也自己做成品砚，做好的产品作为歙县工艺厂的产品对外销售。岔口那边没有办厂，当地农民自发开采，把石料送到歙县工艺厂销售。

这3家工艺厂创建于80年代中期，在80年代末最红火，当时有的厂一

---

① 凌红军，《歙砚——风云情怀》，南方出版社，2011年10月版，第29页

图2-21　在龙潭露天矿（右起：朱伟、杨文、曾小保、方叙彬、笔者）

年可以生产10万~20万方学生砚，在1997年时仍在做，到1998年就结束了。有几个技术好一些的就到城里来了，继续从事自己的歙砚手艺。

笔者2017年元旦与歙县行知学校副校长方叙彬、竹风堂总经理朱伟（两人为当时该矿的出资人）、徽笔制作技艺国家级传承人杨文和黄山学院同事曾小保教授等一同驱车来到歙县大谷运龙潭砚石矿察看坑口情况（图2-21）。

这里所在位置是歙县溪头镇大谷运村（原来是溪头区大谷运乡，后来撤区并乡之后大谷运是溪头镇下属的一个村）双河口村民组。据方叙彬介绍，附近有一座龙潭水

图2-22　龙潭露天矿开采时的情形（方叙彬提供）

库，龙潭水电站离这里仅有1千米距离，故所采砚石后来被称为"龙潭石"。

方叙彬与朱伟等人2009年开始经营大谷运龙潭砚石矿。采矿权是从县国土资源局通过挂牌拍卖，以差不多10万元拍得的，每年向双河口村交付2万元土地承租金。此后每3年报批一次开采证，分储量、环评（一开始没有环评）、水土保护、安全评估等方面提交报告，审批下来需要交纳的相关费用也差不多10万元，土地承租金2万元也是每3年一次。到了2017年之后环评要求很严，原来手工测绘的不准确，后来根据卫星测量结果，发现有一部分处于生态红线之内，经营过程中违反了"三同时"（同时探矿、同时报批、同时开采）的要求，故歙县人民政府于2019年1月发出"关于关闭歙县大谷运龙潭砚矿的通知"，要求立即停止采矿活动，并依法履行企业主体责任，落实矿山地质环境保护和综合治理方案确定的矿山治理措施，完成综合整治工作。公司不打算继续经营，所以从2019年2月起该砚矿处于关闭状态。

图2-23　大谷运砚石坑口

图2-24　用龙潭石制作的规矩砚

2018—2019年，332地质队在原有的矿周边又勘探出许多砚石贮量。

2017年8月6日，笔者带领安徽医科大学科学技术哲学硕士点非物质文化遗产研究方向的祝高骐等几名研究生，在黄山新渊建设集团郭嫔女士的帮助下，邀请熟悉情况的歙县原政法委书记周荣强先生一道，来到上丰老屋基村。由于当时这里的砚矿资源已经被管控，我们前去调研必须按要求得到村支书的允许。进入村子之后，有一位名叫潘天赐的村民很热心地带着我们进入离村子数百米远的砚矿所在地。我们在那里没有看到大规模开采的痕迹。从图2—25中可见，这里的石料有明显的层状结构，断面则显示出不同颜色的带状，故老屋基砚石又称"彩带"。图2—26为笔者在黄山古城歙砚有限公司看到的用这种石料制作的笔洗。

离开坑口时，潘天赐让我们带2块砚石，祝高骐协助他费了九牛二虎之力从较陡峭的山坡搬下山来，带到县城。胡秋生当即安排用机器切割检视，发现中间有裂隙，只好将大料取成小料，做成了普通规格的砚台（图2—27）。

在歙县南端砚石分布调查方面，紫云石、庙前青和白星石等都分布在歙南，有些砚石点就分布在新安江畔。1982年3月，程明铭与叶善祝等对岔口紫云石和庙前青进行了考察。

紫云石出产于歙南周家村东直线距离3千米的叶家山，采坑长约20米，高约8米，宽约3米，出露地层为震旦系下统铺岭组与休宁组接触部位。紫云石岩性为紫色含粉砂板岩，可作砚材的紫云石厚度有6米左右，出露长度约20米，两端为植物覆盖而未加探究。其岩性顶部为变质沉凝灰岩，下部为凝灰质含粉砂板岩。

庙前青砚石点位于周家村与庙前之间公路边，采坑长约8米，宽约5米，深约6米，岩性为青灰色含粉砂板岩。关于庙前红，据程明铭介绍，在歙县的三阳乡、竹辅乡、黄村乡一带发现有一种砚石，呈紫红色、紫色，近似端石，质地细腻，发墨极好，硬度较高，被当地人称为歙红，也有人误称为庙前红。

1982年5月开始，程明铭在前震旦系地层分布区大阜、深渡、定潭、昌溪、正口、大川、小川、洽河、岔口、周家村一带寻找砚石，经过近3个月的探查，在正口、洽河、北群、白石岭等地发现青灰色、灰黑色含

图 2-25　潘天赐带我们去看上丰老屋基砚石

图 2-26　彩带砚石制作的笔洗

图 2-27　胡秋生用上丰石制作的普通规格的歙砚

粉砂板岩，其厚度2～6米，岩石中可见水流、眉纹、细罗纹、金星等天然纹饰。歙县工艺厂鉴定后认为，此石属青灰色眉纹，纹理好，粒度均匀，发墨涩，可作一般砚材利用。在歙县北乡岩源一带也发现有砚石板岩。

程明铭根据古籍中有关"祁门县出细罗纹石，琢砚酷似龙尾石"的记载，同时从地质学角度知道，祁门出露地层与砚山地层相同，大部分属于前震旦系木坑组和牛屋组，故认为祁门境内应当有砚石矿藏。1982年10月进行过砚石普查工作，并有所发现。其中在城南4千米上州河对面（瓷砖厂对面）公路边的采石场和胥岭南1千米公路（当时在公路东边有一个砖瓦窑厂）2处发现有较好的砚石板岩，石质细腻，板理适中，可用作砚料。另外，在中港—芦溪沿公路两侧发现过金星砚石，纹理清晰，质地好，若进一步揭露详查，或可找到有价值的石料。①

332地质队从20世纪60年代开始到80年代做了大量的砚石普查工作，发现了很多可作砚料的岩层，但是有很多个矿点因为成材率比较低，市场认可度不高，没有大规模开采价值，加上村民的因素、政策对环保方面要求很高的因素等，往往不能实际投产开采，或在将来某个时期各方面条件成熟会重新利用这些资源。

二、婺源其他砚坑的发掘

1. 大畈济源坑的发现

济溪坑位于江西省婺源县大畈乡济溪村，在村庄东逆河而上200米左右处新开公路边，是开此条公路时发现的。

据叶善祝回忆，1982年，歙砚出口需求量很大，砚石资源供不应求。砚山村的村民四处寻找砚石运送到屯溪、歙县的工艺厂和个人经营户兜售。发现了大畈鱼子石矿之后，也有村民带到歙县这边来。有一天有人送来一些比较厚的大畈石料样品，负责生产管理的叶善祝在送来的大料中找了2块，做了2方抄手砚，送到上海外贸公司。后经专家考证，这种石料也是宋代开采过的，就是古代的济源坑料，质量很好，可以批量地生产。

---

① 程明铭，《中国歙砚研究》，中国展望出版社，1987年10月版，第21—22页

图2-28是笔者2010年调研时拍下的济源坑口的情形。

当时歙砚厂生产销往日本的较大尺寸的砚台正在受原料不足的困扰。当时对砚台的要求也十分严格，所有出厂的所谓"正品"砚台，必须砚面上没有毛病，没有筋和隔，没有疤，边上没有裂痕，敲起来声音必须当当响，才能作为"正品"出售。济源坑的重新发现在很大程度上解决了歙砚原料不足的问题。图2-29为用济源坑鱼子石制作的歙砚。

叶善祝说，他对歙砚产业的贡献之一是发现了大畈鱼子石：

是我一句话搞起来的。当时出口量太大，原料供应不上，正急得没办法。当地的农民把这种石料送过来，我问他们能不能继续开采，我们要。龙尾石当时是5毛钱一斤，我给他们2毛钱一斤，当然是要挑选合格的，这样农民就大量地开采。现在那个地方由本来的小自然村变成了一个乡，大畈的地方经济发展起来了。鱼子纹历史上就有的，在明代就开采过，做

图2-28　济源坑口

过抄手砚，尺寸比较大。改革开放初期，农民生活还很清苦，所以石头就被大批量地运出来。这是歙砚发展的一个重要阶段，后来成为歙砚的一个代表品种，价格也变得比较昂贵。

在接受笔者访谈时，杨震介绍了当时这方面的情况：

鱼子石是1984年大畈那边开的。当时砚山这边有点乱，老百姓到处找石头，有人到了大畈。大概1983年的时候，叶善祝还在厂里，

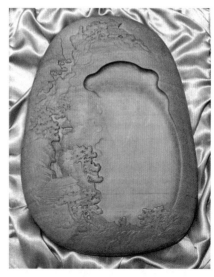

图2-29　济源坑石料制作的鱼子砚

有人从大畈拿了块比较厚的样品过来。当时砚石矿卡我们，他们拿大的，给我们小的，而日本人又找我们要大尺寸的砚，我们正愁找不到大料。当时请程明铭帮我们对整个徽州区做了一次普查，结果在歙县界口、休宁岭南等地找到一些砚石矿，但是都没有找到能够批量生产的料。叶善祝在大畈他们送来的料中找了2块，做了2方抄手砚，送到上海外贸。那边一看这个料比较厚，考证了一下这种石料是宋代开采过的，很不错，可以批量地要。后来答复对方说这种石料我们收，可以送来，尽量取大的，2毛钱一斤。当时砚山的砚石是5毛钱一斤，每吨1075元。这也是慢慢涨起来的价格，开始只要几百元每吨，我到的时候才是这个价。当时对砚台的要求，所有出厂的所谓"正品"砚台，必须砚面上没有毛病，没有筋和隔，没有疤，边上没有裂痕，敲起来声音必须当当响，才能作为"正品"出售。其余的都算次品，很便宜就卖掉了，几块钱一方。

程明铭先生1982—1983年曾多次实地考察该处矿点，采集标本作岩矿鉴定、工艺鉴定和化验分析。这里地处皖赣边界，处在连花岩体与灵山岩体之间一条长窄变质岩中，岩带长达25千米，宽2~8千米，沿北东—南西方位分布。坑口地质构造位置处于江湾—街口轴缘坳陷北侧，出露地层为震旦系牛屋组中段，为含粉砂质板岩，砚坑在新开公路北侧，为露天开

采，采坑长20米，宽约5米，高15米，板岩出露宽度100米，长度约60米，可作砚材的宽约30米，板理与层理一致，板理平整，厚度2～10厘米，石质细润，纹饰美观，经工艺部门鉴定为鱼子纹或鳝背纹，其顶底板岩性为黄绿色粉砂质千枚岩。

《歙州砚谱》中有"济源坑在县之正北"的记载，不过没有说明具体位置。程明铭根据实地考察掌握的情况，结合地质资料分析，并走访当地群众，认定济溪这里发现的砚石矿点就是历史上曾经开采过的"济源"坑。①

笔者曾于2012年2月，与蔡永江一道去大畈察看济源坑情况。当时已经没有成规模的开采，山坡上只有一名师傅在用简单的工具采石料（图2-30）。我们在河边也捡到一些挺不错的砚石。回到村子时，在村口看到一个小青年正在自家房前将粗石料切割打磨成规整的砚坯（图2-31）。

据汪培坤介绍，与大畈相邻的休宁县岭南有一种大鱼子石，石质跟大畈鱼子石差不多。当时由于道路不通，开采的话需要修一条路，休宁县不愿意投入，也就没有去开采了。

2. 砚山周边几个坑口小规模开采

一是关于外庄眉纹。

外庄是一个村庄，从砚山村往里走不远处的另一个自然村，那里也产一种带有眉纹的石料，就称外庄眉纹。宋代开采过，但似乎规模不大。这种石料有一个特点，有眉纹的地方硬度很高，没有眉纹的底版比较软。雕刻时，有眉纹的地方刻不动，因而细节处理十分困难，而无眉纹的地方下刀稍不注意就挖深了。用这种料制作的歙砚在研墨时也容易跳墨。

岭背眉纹出产于岭背村叶九坑，是叶九坑的主要石料品种，其特点与外庄眉纹差不多。眉子坑中，眉子下坑的石料最好，有眉纹与无眉纹底版的硬度几乎一致，既美观又均匀，雕刻时最轻松。其次是上坑，也差不多。最弱是中坑，俗称"宋眉"，眉纹与底版之间的差别稍大，当然也有很好的。总体上说，眉子坑石料的品质非其他有眉纹的石料可比。这些杂

---

① 程明铭，《中国歙砚研究》，中国展望出版社，1987年10月版，第17页

图2-30 当地农民拣选石料

图2-31 小伙子制作砚坯

坑当代都没有正规地开采，包括大畈济源坑也是这样，一般都是要好的几家合成一伙，每家出一个劳动力，选择一个矿眼，一起开采，统一保存，一起销售，收益平分。

二是关于桥头坑。

现在去砚山村要经过一个石桥，刚到桥头的这边就有一个坑口，是2000年以后发现的（图2—32）。该坑所出石料也很好，其中有一种被称为乌钉罗纹，形似一颗钉，有钉帽似的点点加一根线，与老坑中出的乌钉罗纹相似。不过也只开采了很短时间就彻底停工了，因为修高速公路，正好从坑口上头经过，也就是穿山隧道出口的地方（图2—33），所以在2005年就被彻底关闭了。

叶九坑在20世纪90年代开采过，还专门成立了一个砚石厂，出叶九坑的眉纹石料。

婺源县城的朱子艺苑根据已经掌握的婺源县境内歙砚石料坑口的信息，制作了歙砚砚坑分布示意图（图2—34）。

图2-32　桥头坑开采时的情形（2004年11月）

图2-33 高速公路隧道出口正好经过桥头坑上方
（2006年2月）

图2-34 朱子艺苑绘制的歙砚砚坑分布示意图

三、玉山石、星子石、修水石

歙砚原料的供给与市场需求之间巨大的差距，导致更多的砚石原料被纳入歙砚制作中来。除传统古徽州地区外，主要有江西玉山石、星子石和修水石3个大类。

图2-35　玉山石歙砚
（周晖提供）

据程礼辉介绍，玉山石很早就有，而且作为一个独立的砚种，在20世纪70年代就有学生砚销售到全国市场。周晖说，她在80年代刚开始工作时歙县这边就开始用玉山石。玉山石出于江西玉山县，是露天矿，容易开采，量比较大，故价格比较便宜。图2-35为玉山石歙砚作品。

玉山罗纹石产于江西省玉山县童坊乡千村，具体位置在怀玉山之东的际塘坑至米坑一带，距玉山县城约40千米。其纹理如丝罗，故名罗纹石，有暗细罗纹、角浪纹、古犀纹等美纹，用其制成的砚台则称罗纹砚。

玉山石软硬程度大体一致，但通体松软，纹理变化不明显，上百方甚至上千方拿出来都一个模样，很适合于机械雕刻，是制作低档学生砚的原料。玉山石在3种石料中质地最次，售价也最便宜，在市场上一般都是用作机雕的材料。数控机床用于歙砚雕刻最近10来年开始流行，现在已经比较多了。

星子石一开始是江西婺源的砚农送来的。他们本地的石料越来越少了，就想尽办法，从玉山、星子这些地方弄石料过来销售。周晖说，她接触星子石是从90年代中后期开始的，当时砚农送这种石头过来是冒充龙尾石的，刚刚接触时觉得这种石料的金星、水浪等纹理很美，但是雕起来感觉与龙尾石不一样，后来慢慢就知道这是星子石。图2-36为星子眉石制作的歙砚。

"后来，星子那边的当地也有人直接把石料运过来推销，但我们还是从婺源砚农手中拿得多，因为那些人送来的石料是毛石，而砚山这边的砚农一直就是吃这碗饭的，他们把毛料切割打磨加工成砚坯，然后拿过来卖给我们，我们就可以省去整石坯的这道工序，直接可以用了。"

星子石产于江西九江市星子县横塘驼岭。当地用星子石料制作的砚称"金星石砚"或"金星砚"，也是一个独立的砚种。星子石纹理丰富，有眉纹、水波纹、金星、金晕（龙眼、凤眼、猫眼、金圈等），有的金星、金晕还伴有水波纹，纹理色彩比较丰富，便于雕刻师巧妙地设计各式图案，创作出非常美观的画面。图2—37为周晖用星子金星金晕水波石创作的作品。

图2-36 星子眉纹石歙砚（周晖作）

图2-37 星子金星金晕水波石歙砚（周晖作）

现在大量的龙尾石料都是古代丢弃掉的，总是带有这样那样的瑕疵，相比之下，星子石还在开采，有足够的量，允许把瑕疵部分去掉，仅存留比较完美的部分，可以做到几乎没有瑕疵。其中云母含量比玉山和修水石也要高，发墨要好一些，当然与龙尾石相比要差一些。在龙尾石供给十分有限的情况下，其可以降低一个档次替代龙尾石。

修水石最近四五年才大量进入歙砚市场，出产于江西南昌修水，当地用它制作修水砚，又名赭砚。这种石料的特点是赭色为主，翠绿为镶嵌，兼分五色，并且有金星、金晕、鸡血藤、鱼子纹、水波纹等天然纹饰，可以雕刻人物、花鸟等，但总体上看纹理没有星子石丰富。图2—38、图2—39所示为周晖用修水石创作的作品。

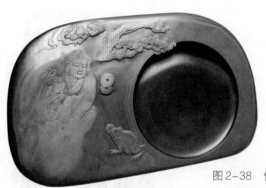

图2-38 修水金晕石歙砚（一）（周晖提供）

图2-39 修水金晕石歙砚（二）（周晖提供）

据周晖介绍，这3种石料制作起来感觉不一样。玉山石比较松软，有点糙，雕刻过程中往往会成颗粒状地往下崩，没有龙尾石"刀起云卷"的感觉，遇到这种情况时原本设计好的线条一下子就被破坏了，呈锯齿状，又得重来，所以不容易雕细。其中云母的含量比较少，所以磨起墨来当然也远不如龙尾石细腻，并且会有一定程度的吸墨。

修水石比玉山石要细腻一些，与星子石相比雕起来感觉硬一些，雕刻难度会大一点，其中云母的含量也很少，发墨度与星子石差不多。

修水石在纹理上以金晕为主，有点像婺源济源坑的金晕，而且最大的特点是金晕的色很亮，呈金色、金黄色，雕出来艺术效果很好，有的甚至可以达到龙尾石金晕的艺术效果。当然即使是最好的，在折光度方面也还是不如龙尾石的效果好。龙尾石的金晕有折光，从不同的角度看会呈现出不一样的效果，但修水石的金色则没有这种变化，怎么看都是那种颜色。另一种修水石是纯黑的（图2—40），也可以说是去掉了有金晕的那一层，可以做素砚、抄手砚和仿古砚等。

从雕刻的感觉方面讲，星子石
也远不如龙尾石，后者石质细腻。
前者还是偏松偏软，只是比玉山石
好一些，但是星子眉纹料的纹理，
黑色与偏白部分软硬程度差别很大，
对雕刻者是很大的考验：有眉的地
方硬，如果不用力根本雕不动，无
眉的地方软，稍不注意，力度没有
及时地松一把，就会下去很深。没
有经验的雕刻师雕刻的砚往往存在
底版凹凸不平的现象。

图2-40　修水纯黑石歙砚（周晖作）

当然同一种石料中差别也很大，像星子石中有的石料特别稀松，做成
砚之后擦上油很快就会渗透进去，研墨后墨汁存放一段时间会干涸。但是
特别好的星子石很致密，不吸油，雕刻起来也不松软。所以不能一概
而论。

四、古遗石

随着歙砚知名度的不断提高，歙砚爱好者和收藏者越来越多，而且随
着对歙砚鉴赏能力的提高，对歙砚石料也越来越讲究，特别是中高端消费
者总是希望收藏用砚山"老坑"石制作的精品歙砚，而不满足于其他砚料
制作的普通歙砚，因此，无论中低档普通歙砚产量如何提高，都不能替代
用老坑石制作的高端砚的供给。在砚山矿开采之时，就开始有人在河滩上
捡砚石，老坑停止开采之后，这种供求矛盾更加激化，在砚山周边田间地
头以及山下两条溪流搜寻古遗石的更多，一时成为热点。

古代制砚强调"中绳矩"，有严格的比例和尺寸要求，像唐代的箕形
砚和宋代的抄手砚，对砚料的要求很高，达不到要求的石料即被作为开采
的边角料抛弃。再者，有些石料虽然尺寸不小，但不够纯净，如唐代时认
为眉纹不够纯净，将眉纹石料作为废料抛弃。这样，大量的现在看来尚可
以制砚的石材被遗弃，统称"古遗石"。根据其存在环境分布划分，可分
有两种：第一种被山洪冲刷带到河里，经过河水长年的浸润和打磨，演变

为所谓的婺溪籽石；第二种多为当时家庭作坊留下的，存在于屋前房后、田间地头。这又可分为两种：凡是还留有当时未完成的制作痕迹的被称为"古凿痕"，意为留有古代凿制痕迹的砚石；凡是未经凿制原石在土壤环境中演变的即被称为"籽料"。

罗纹山被两条溪水所夹围，南面称武溪，北面称芙蓉溪。武溪与芙蓉溪岸边均分布着砚石坑，历史上都有过开坑采石。两溪交汇处称溪头，溪头中学就建在这里。二溪在此处合流后流经一大片碎石滩地。在过去一千多年的历史长河中，这里积淀了历代开采龙尾山砚石留下的丰富石料。

这些石料最初当然是从各个坑口中开采出来，与原始矿体分离成为大小不等的石块。这些没有被选用的石块因山洪的冲击进入溪水，又在溪流的推动下逐渐向下游移动，在漫长岁月里经历着撞击、滚动、磨砺、冲刷等作用，逐步朝着外观类似卵石的成熟籽料方向不断发育。这些砚石的外观与品质和坑道中取得的山采石已有了明显的区别。开采于武溪两岸的砚石所形成的子石称为武溪籽料；开采于芙蓉溪两岸砚石所形成的子石则被称为芙蓉溪籽料。

所谓籽料，原本是玉石行业中的用语，是相对于原山料而言的。如和田玉籽料是由原石经过自然的地质运动和冰山运动剥解为大小不等的玉块，经过雨水冲刷进入河流，在河床中经过成千上万年的冲刷形成的。芙蓉溪和武溪的这些石料演化的最长时间虽然只有一千多年，但已经形成有别于原山料的显著特征，有的已经形成一层包浆。图2—41所示即为芙蓉溪眉纹珠皮籽料，表面覆盖了一层金黄和珍珠色的包浆，具有独特的审美特征。有人把两溪的籽料统称为"婺

图2-41　芙蓉溪眉纹珠皮籽料

水籽料"。

按所出河段的不同，可以把婺水籽料分为几个大类，各自具有显著特征。孙皖平曾对此作精辟分析。

芙蓉溪产生籽料的河段主要是从罗纹山眉子坑口下开始的，从这里到溪头约3.5千米河段是芙蓉溪籽料第一个特征形态段。这里出来的籽料由于离开坑口的距离不长，冲刷打磨所致的卵石化程度较低，大多还保持一定程度的板状的开采形态，只是边角稍变得浑圆。其发育成熟重要标志是表层已经呈现出明显的浸润变质而非类卵石化的形态。因此，这里的籽料还有可能保持着原有的较大的体积，甚至可以找到少量开坑时才有可能取到的极为难得的最大尺寸优质眉子石砚材。图2—42所示是2006年村里在拓宽马路时找到的重达3吨的大眉纹石料，是在坑口下游四五十米远的地方找到的。后来村子里修路的经费不足，就把这块石料拿出来拍卖，通知

图2-42　芙蓉溪中找到的巨大的眉纹石料

了婺源博物馆、龙尾砚厂、朱子艺苑，还有黄山的三百砚斋等，最终由汪建新等村民出资购买，目前还保留在村子里。

武溪的水量比芙蓉溪要大得多，所以其中的籽料要比芙蓉溪籽料的卵石化程度高，但武溪沿岸坑口主要是叶九坑和东山乌坑，所开采的砚石材质大多远逊于芙蓉溪沿岸坑口，但武溪籽料中鱼子枣心类和丝纹类石品非常优秀。

在溪头与武溪汇合后，溪水的流量和水位落差都增大了，所以溪头至城口汪村约3.5千米河段，籽料形态的卵石化进程明显加快，是一个产生籽料形态极有特征的河段。由于水流量大、流速快、落差大，这一河段产生的子石外形圆润，已很少见到山采时的板状与棱角，卵石化形状明显。

越往下游，砚石在水流的搬运中不断地被撞击解体，体积明显地递缩。城口汪村附近河段的籽料多数已仅有拳头大小，稀有更大者。"然而这一河段的仔料却能充分地体现出芙蓉溪籽料形、质的华美与非凡。可以说这一河段的石品表现出了芙蓉溪籽料最完美的若梦如幻般境界。我们现在见到的许多仔料砚代表作的奇绝美材，均出于这一河段。"

城口汪村至港口是婺溪籽料存在的最后一个河段。该河段落差更大，砚石经再度分裂，多数仅蚕豆般大小，几乎没有可以制砚的石材。再往下又有新水源加入，溪流已成大河，石材已经成为沙粒。

从两溪中拣选料早在70年代末就已经开始了，但是，当时还只是少数人的行为。80年代当地人在这里挖掘出大量子石砚料。90年代末企业改制之后当地人出现了一批以贩卖砚石为生的职业者。图2—43所示为当地砚农在河石中甄选砚石的情形。

头些年当地人捡到一些子石向雕刻者销售时，制砚的思维模式仍停留在剥毛坯、整坯的定式中。大约从20世纪末年开始，随着一批优质子石，特别是芙蓉溪眉纹子石的面世，一些有识之士开始对子石特有的古朴的造型、斑斓的色彩和卓绝的石质特别重视，不惜出重金收购。

据吴玉民介绍，那时候芙蓉溪里石料非常多，70年代初建造溪头中学校舍过程中从芙蓉溪里捡了很多石料作为建材使用。在2000年之后重建教学楼时，从地基里清理出一大批砚料，卖了好几十万元。

图2-43 砚农在河床中寻找砚石

　　那个年代当地农民捡到砚料之后向歙县、屯溪销售，价格也是随行就市。当然，运送过去的砚石也不仅仅是捡到的，当时砚矿的石料也向当地农民出售，砚农们可以从矿里购买石料，相当于批发石料，然后步行经过璜茅运送到屯溪和歙县销售。

　　子石成了当地人搜寻的对象，人们不再停留在捡拾阶段，而是带着各种工具到河滩甚至水底进行挖掘。一些老房子拆除时用的地基石、房前屋后原本做围墙的石块均被检查一遍。不久之后，发展到用机械挖掘地毯式搜寻的程度。图2-44所示就是比较大规模地清查河床中子石的情形。

　　从房间屋后、田间地头大规模开挖寻找石料开始于2014年之后。一块地里有多少石料、有什么样的石料买卖双方都不知道，完全凭感觉判断，然后就是谈价格，一旦说定不能反悔。有的一块田地十几万或者几十万。一般都是几个朋友合伙出资投入，然后所有的收益共享。

　　图2-45为一砚农在田间地头搜寻砚料的情形。图2-46则为清查一块地中所有砚石的场面，看上去与考古发掘清理现场相似。不仅场面看上去像是考古发掘现场，实际上，这种从较深的地层搜寻砚石的行为就是一

图2-44 用挖掘机在河床里筛选砚料

图2-45 砚农在田间地头搜寻砚料

图2-46 包地清查砚石

种盗取文物的行为。因为这些埋藏在地下的砚石并不仅仅是原石，其中有大量的当时雕刻过的砚石，不过大多是半成品或残次品。实际上是古代家庭作坊遗址，其价值相当于古代窑址。近年砚山出土了宋代的一个歙砚作坊遗址，是当地农民在自己家菜园地里发现的，出土的砚料都是古人开凿过的半成品，也有完整的坯料，被上饶一家博物馆一揽子买去了。特别值得一提的是，出土的石料中有的还刻有年号，汪建新说他自己手上就存有嘉祐等年号的砚石。此外出土的物件中有时还能遇到制砚过程中使用的工具。这些发现都具有非常重要的考古价值。

还有一个重要发现，就是离砚山村1.5千米的外山，叶氏家族聚集地，与龙尾山同属一个山脉，当时出砚石呈青碧色，也发现过一个古代作坊，但是后来发生了一场山体滑坡，把这个遗址完全掩盖了。好在当时挖掘出一些砚料，2020年3月仍保存在砚山村民手中，其石大部分都是蝉形砚，据推断是明清时期的。图2-47、图2-48所示就是一方大致成形了的三足蝉形砚，从断痕看，可能是在刻制过程中中间位置断裂了。

以婺水籽石为代表的古遗石的发现，为歙砚雕刻艺术当代发展创造了一个全新的艺术空间，使现代歙砚制砚雕刻艺术在歙砚历史的延续中显示出不可或缺的价值。其中有很多问题值得作更加深入的研究。

图 2-47　古凿痕三足蝉形砚正面

图 2-48　古凿痕三足蝉形砚背面

清末以后歙砚制作业渐趋凋敝，逐渐走向艺绝人亡的境地。到中华人民共和国成立时，徽州只有胡子良、俞德隆等制砚名家健在，胡子良留下百余张砚作的拓片，为后来恢复歙砚生产提供了重要参考。此外，还有汪律森等对歙砚制作技艺有所了解的传承人。歙砚传承人的培养主要有砖木雕技艺迁移与模仿古代歙砚作品、选派人员外出学习和自己培养三个途径。经过几代歙砚艺人的接续努力，通过不断学习和探索，歙砚制作技艺不仅重现于世，而且渐趋完美，终于达到乃至超越古代歙砚制作技艺水平。2006 年 10 月，歙砚制作技艺被列入首批国家级非物质文化遗产名录。

第三章

制作技艺的恢复与发展

第一节 雕刻技艺的恢复与歙砚制作业的早期发展

一、歙县恢复歙砚制作情况

歙县工艺厂最先恢复歙砚生产，成立了"歙县城关砖雕生产合作小组"（简称砖雕组），除了砖雕木雕师傅外，还从社会上吸收部分能工巧匠作为临时工。1963年5月派出开采队试采的同时安排2名师傅留在厂里，做刻制歙砚的准备工作。在试采的砚石运回厂里之后，他们就凭着自己砖雕的功底和对歙砚的理解尝试制作歙砚，至10月砖雕组留守的2名工人已经用试采的石料试制了数十方砚台。

恢复歙砚生产使用的场所，一开始是一个破旧的祠堂，省厅除了自己投资，还向轻工业部申报资金，先后共投入资金47.6万元，支持歙砚厂修建厂房、仓库以及砚石开采、砚坯锯磨机械化等项，以扩大歙砚的产能。[①]

1964年1月歙砚合作小组正式成立，吸收了一批青年美术工作爱好者。1964年5月，新华社报道了"歙砚正式恢复生产"的消息，之后全国各地有不少人纷纷来信求购歙砚，合肥、上海等文具店也开始销售歙砚。

1964年5月29日，砖雕组更名为"歙县歙砚砖雕生产合作社"（简称歙砚社），以歙砚生产为主，兼作砖雕生产，当年制作歙砚147方。一些分散在农村的能工巧匠纷纷入社，包括叶善祝、方建成（后改为方见尘）等。

1964年屯溪工艺厂也恢复了歙砚生产。这一年歙县、屯溪2个厂所产歙砚开始出口，当年出口304方。

1964年歙砚厂选送仿古歙砚10方在法国巴黎博览会上展出。1965年，董必武副主席陪同越南胡志明主席来屯溪，徽州地委书记万立誉馈赠了一方荷花叶形歙砚和一方蝉形歙砚。

1965年7月，歙县手管局批准"城关竹器社""纸扇社""歙砚社"合

---

① 胡宝玉，《歙砚的恢复与发展》，《文房四宝》，1999年第1、2期（合刊），第19—23页

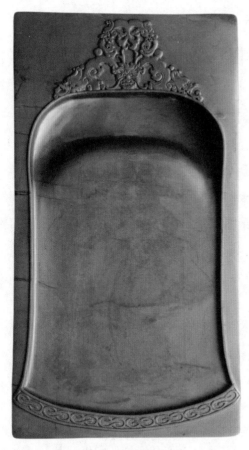

图3-1　汪启渭早期歙砚作品

并成立"歙县工艺厂"。直到1980年3月24日，为适应歙砚生产和国内外市场的需要，歙县工艺厂才加了"安徽省歙砚厂"的厂牌。

徽州的砖雕、木砖、石雕统称"徽州三雕"，具有悠久的历史和很高的工艺水平。最早进行歙砚雕刻的这些老艺人原本具有高超的砖雕艺术水准，虽然砖雕技艺和制砚技艺有所不同，但在雕刻和造型艺术方面具有很多共同的特点，加上这些老艺人不断地摸索和观摩学习，逐渐地找到砚雕技艺的规律，制作出一些比较像样的歙砚新品。图3-1为汪启渭早期的歙砚作品，带有比较明显的砖雕的特点。砖雕社还召集有一定鉴赏能力的老书法家和在古董店工作过的老店员，对雕刻人员进行砚的造型和传统文化等知识的普及，提高他们的知识水平。

据杨震介绍，当时胡震龙、汪瑞生等好几位师傅都还没有进到厂里工作，而是做外发加工，在自己家里帮厂里做砚，厂里按工付酬。比如按一块钱一个工计发报酬，一块砚台刻好后，厂里有人评定算几个工，然后就给几块钱工钱。

胡震龙（1925—2009）是歙砚恢复制作第一代师傅中的比较杰出的代表。他爱好广泛，对书法、绘画、诗词、戏曲皆有兴趣，用心观察，坚持写生，打下了较深厚的造型基础。其1963年创作的双湘夜月砚、1964年创作的雨打芭蕉砚，在广交会上作为样品展出，打开了歙砚出口销路。他与胡灶苟合作的荷叶青蛙砚在东南亚展出，受到好评。1983年，他与曹阶铭、俞淑媛等合作创作的二十四景观套砚，在香港展出时引起轰动，有观赏者愿出数万元高价求购。[①]据杨震介绍：

> 胡震龙确实有些才气，文化功底挺深。他读过私塾，教过书，曾在镇文化馆工作，后来下放农村，在家里从事木雕手艺，做家具上的花纹雕刻等，经历比较坎坷。他雕的东西在当时来说很有新意，他取材于《醉翁亭记》《琵琶行》以及其他古代的诗文，创作改编成砚雕的内容，刻制出山水题材的砚台，作品带有文人砚的味道。这些在当时都算是比较优秀的艺术砚作品，现存歙县胡开文墨厂。当然他也有不足，就是底板不够清爽。歙砚雕刻要求底板必须清爽，像搞砖雕出身的胡灶苟、胡经琛等老师傅很讲究这个。胡震龙有些画国画的味道，不太注意这些。实际上这也是各人的风格不同。传统的歙砚的风格应当以浅浮雕为主，这些做砖雕出身的会把深浮雕、半圆雕之类的手法带进来。胡震龙比较聪明。他们成为厂里的正式工是在80年代初期我刚到厂里来的时候。几年之后，他的长子胡笛也进厂里工作。

到了80年代中期，胡震龙的砚雕技艺更加娴熟，常常利用边角料，根据其自然形状，寥寥数刀便成生动有趣的佳作。图3—2即为胡震龙1985年创作的寿桃砚。

胡震龙在指导青年工人和后来的培养学生过程中都发挥过很大的作用。图3—3为胡震龙在指导胡和春。胡和春，胡经琛之子，1947年生，歙县人，1962年进厂作为学徒工，80年代中期成长为歙县工艺厂设计组组长。

图3-2　胡震龙早期作品寿桃砚

① 程明铭，《中国歙砚研究》，中国展望出版社，1987年10月版，第36—37页

图3-3　胡震龙在指导胡和春（右）

图3-4　方见尘与胡震龙、胡和春合影

方见尘，1948年生，安徽歙县人。其父方钦树创办过一个歙砚制作企业，培养歙砚制作方面的人才，很多60年代至70年代初期的歙砚雕刻师都曾在他那里做过。方见尘从小对绘画很有兴趣，喜欢画连环画。有一次，他父亲很多天没有回家，一到家看到墙上贴有很多连环画，当知道是方见尘的画作时十分满意，就决定让方见尘跟他一起去剧团画画。方见尘在15岁小学毕业时跟着父亲方钦树在县黄梅戏剧团做舞台美术工作。方见尘说，他那时"早上贴海报，白天画布景，晚上跑龙套"。一年多之后，一位县政府干部发现了他的艺术天赋，推荐他进工艺厂做歙砚。1964年，他只有16岁，还未达到报名招工的年龄，被厂里作为童工招进来了。方见尘说，他去的时候还是叫歙砚生产合作社，刻砚台的也就5～7人，自己好像与歙砚有缘，这一生是带着使命来的，跟歙砚有不解之缘，所以夜以继日地工作，一天当作一天半用，晚上刻砚要刻到鸡叫，而且10来年时间里几乎天天如此。

图3-5　方见尘早期作品

当时每个月有明确的任务，是计件工资，但是我每个月的活，三五天就完成了，剩下我可以就在工作的时间名正言顺、无拘无束地创作我自己探索性的东西。我经常去锯料车间找边角料刻我的小砚台，只有花生大小，一天可以刻5~7方。可能就是在雕刻无数这样的小砚台过程中，我逐渐地悟出了自己在美学上的理解，形成自己对于人工与自然、工笔与写意有机结合的艺术风格。

曹阶铭说，他印象最深的就是方见尘。曹阶铭入行时，方见尘正在设计八百里黄山图砚，是用一块大畈鱼子纹做的，很大的一块，大概有一米多高。他对那方砚印象深刻，主要是方见尘的技巧让人特别难忘。

方见尘的刀法相当流畅，一刀下去中间不能中断。这个对曹阶铭影响比较大，而且跟他在一个设计组的时候曾经是一直做到天亮。

他画画，我要么看着他画，要么自己在临摹。我曾经临摹过一套黄山风景图，这本小册子目前还在，我一直都保留着。所以我的一些线条、一些技法都与方大师有一定的联系。我跟他也可以说是亦师亦友的关系，他既是我的师傅，又是我的同事朋友，我们相处得相当融洽。胡震龙的作品从制作方面看，与我们现在流行的有一定区别，主要优点是创作题材很广，但是雕刻技巧方面有所欠缺，也可以说是有他自己的特点。比如说他对于明暗关系、远近关系的处理与方见尘大师的技法有一定的区别。相比之下，我是更倾向于方见尘大师，所以我在学艺过程中基本上是学方见尘大师的手法。

杨震在谈到20世纪80年代歙砚工艺厂的砚雕艺术风格时，首先对方见尘的艺术功力给予很高评价。他说，至今仍保存在歙县胡开文墨厂的一方方见尘的嫦娥奔月砚（图3-6），在月宫一小块地方雕有亭台楼阁，很精细，是方见尘的代表作，也是那个时期歙砚制作技艺的代表。

图3-6　方见尘的嫦娥奔月砚

到后来方见尘有些坐不住了，尽是捡一些稀奇古怪的石头，东倒西歪的，发挥他的艺术特长，在这里挖个池，在那里刻个人物什么的。再后来，大㼽出的石头上有些纹理，他就在石头的表皮上搞一下。当时厂里都反对他雕这些东西，是不是砚都讲不清，没人要，仓库保管员都不收他的东西。我认为方见尘是个人才，历史上刻的东西很漂亮的，也不能一棍子打死，就让他这样刻，刻好了让仓库收。照我看，他的东西只能是"意识流"，你说它是什么它就是什么，你不说，人家根本看不出来。

另一种风格就是胡经琛、胡灶苟和他们带出来的胡中春、胡从春等这一批人的作品带有砖雕风格。胡震龙进厂以后把中国书画艺术融入歙砚制作，带有文人砚的味道。杨震说，当时成立创研组的想法，把几种不同风格的人放在一起，希望相互影响。

当时的工具都是纯手工制作，铁匠锻打的。经常使用到汽车弹簧上的钢筋，放在火炉中烧红，锻打锤直后淬火，再磨尖。那时候钻洞没有电钻，而是用手搓带动钻头。歙砚制作技艺在艺术风格上受砖雕、木雕师傅的影响，再就是从明代流传下来的一些艺术风格，通过看一些老砚台的图片资料和实物来制作。总体艺术风格还是传统的素池砚，最多加上一些花边、云龙边之类的。后来有人在砚池中刻上鹅、青蛙、水牛等简单的艺术造型（图3—7）。70年代中期以后开始出现浅浮雕、山水、人物等题材，艺术风格总体上看还是没有脱离砖雕风格。歙县工艺厂至今还保留一些样品，有竹山、老虎、松树等。后来才慢慢有所转变。

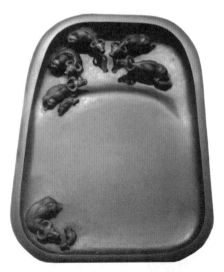

图3-7　胡和春创作的五牛砚

曹阶铭，1954年出生于歙县徽城镇，1973年11月经由歙县中和街居委会推荐进入歙砚工艺厂，作为一名合同工在制砚车间工作。先是在学艺阶段，还不算是一名正式的工人，工资收入是按照多劳多得的形式计算，做一方砚台拿一方钱。工厂指定2名师傅，一位是方见尘，另一位叫孙升平，他们到工作现场进行指导，就是所谓的岗位传承模式，没有明确师徒关系，年轻人跟着老师傅后面学，主要靠自己领会（图3—8）。老师傅会给予一些指导，诸如工具怎么用、有哪些刀法、怎么开砚堂等。

那时候单位的体制还是二轻系统下属的集体所有制单位，招工名额不多，与曹阶铭一道进厂的有四五位。当时砚厂也不一定是制作歙砚，还做过很多其他产品，比如石膏像，还有竹编，与竹编厂是一个单位。

后来曹阶铭拜汪律森为师傅，但那时候汪律森还没有到工艺厂上班，只是以"合作者"的身份，从厂里背砚料回家加工制作，跟胡震龙师傅是同一种模式。他们原本都是有工作单位的，可能就是因下放之后家庭经济十分困难，正好发挥一下自己技艺方面的才能挣得一些收入。

汪律森出生于砚雕世家，祖籍婺源，是黄埔军校最后一届毕业生。其曾祖父汪桂亮、祖父汪培玉都是制砚名工。汪桂亮是婺源北乡人，清同治元年（1862）在歙县开设"汪义兴"砚店，斋名"翰宝斋"。其子培玉，

图3-8 师徒合影（前排左起胡树山、胡灶苟、胡经琛。后排男左一孙昇平、
左二胡和春、左三方见尘、左五胡冬春和一些女工。胡雍提供）

字韫辉，承父业。汪律森自幼跟祖父学习砚雕技艺，以制作仿古砚为主，
仿历代名砚，尤其是宋砚，刀法流畅，线条洗练准确，后来又在仿陈端友
作品方面下了不少功夫。①曹阶铭说，他所在的工作车间在民校，这是居
委会以前扫盲运动办的一个夜校，当时是歙县砚厂选定的相当于一个
车间。

我开始是偷着向汪律森学，后来就死缠烂打地让他认我，才有了师徒
之名分。据说他以前就是制砚的，经历过下放之后，希望把这个手艺恢复
起来。师傅的手艺是跟他祖父学的，他父亲没有进入这个行业，这个手艺
就隔代传到了孙子辈，而当时正赶上砚厂恢复制作歙砚，他就进入砚厂工
作。据师傅说清末歙县这个地方制砚的行业就很萧条，整个县城只有一家
砚店保存下来，后来在抗日战争时也关闭了。

汪律森的作品主要是以仿古为主，他的刀法手势应该说是我们需要保
存传承的一个方向。我记得在很早以前出版的一本端砚大师陈端友的作品
集，当时我就买来了。而我的师傅的作品跟陈端友的作品基本上类似，主

---

① 程明铭，《歙砚丛谈》，黄山书社，1991年12月版，第64页

要就是以现实派的手法来体现古砚的制作，比如说用深浮雕、立雕这么一种刀法、一种方式进行制作。我在学习过程中感觉到我们应该把它的精华部分保存、传承下来。

据曹阶铭介绍，歙县胡开文墨厂保存有一方九龙砚，是老艺人王金生的作品。他是参加人民大会堂安徽厅装修的砖雕老艺人之一。他刻砚的手法是以砖雕的形式出现的，以浅浮雕为主，歙砚雕刻吸收了徽州三雕的艺术营养，吸收其精华，把它用到砚雕上去。他的后人，下一代有胡和春，跟方见尘都是一辈的，年龄也只比曹阶铭大五六岁，相互间走得比较近。胡和春传承了他父亲的手法，以砖雕的形式来制作歙砚。图3-9为胡和春的作品，从中可以看出具有上述艺术特点。曹阶铭对他们的这种技法也很关注，吸收其优点，以丰富自己的设计制作风格。

图3-9　胡和春的作品

汪律森与胡震龙、胡秋生、俞姝岑（曹阶铭爱人），还有胡震龙之长子胡笛等5人于1979年9月正式进入工艺厂，加上厂里原有的工人吴周生，一共6人，成立了一个仿古组。该组原本是由王金生、胡长彩等老师傅为主要技术力量，做仿古字画、砚、漆器、牌匾等。胡秋生技艺比较全面，故一直坚持下来没有离开，后来主持该组的工作。1985年，该组还承接了电视剧《红楼梦》剧组部分道具的制作工作。图3-10为胡秋生带领仿古组员工在制作《红楼梦》中大观园的牌匾。

杨震也向笔者说到这方面的情况：

我于1984年12月接任厂长后,于1985—1986年成立了创研组,专门创作一些稍高档的东西。像方见尘、胡震龙都在这里。这些人当时有些名气,让他们做普通的产品他们有些不愿意干了,当时也有一些好石头,像眉纹已经找出来了,还一些好的金星,也需要刻一些高档的东西。我成立创研组的想法,是想在胡震龙进来以后,能够把中国书画艺术融入歙砚制作,同时把几种不同风格的人放在一起,希望相互影响。

1978年改革开放的春风唤醒了歙砚的生机与活力。文房用品受到日本、东南亚一带国家的青睐,当时通过上海工艺品进出口公司和安徽外贸2家下达订单。歙砚是换取外汇的重要商品,江西省也想发展砚产业,生产龙尾砚,为此在品名以及原料上产生许多矛盾和纠纷。原料的短缺逼迫工艺厂另谋生路。有一次与休宁接壤的婺源大畈村农民将在田间地头的石块搬到工艺厂请求鉴定有无价值,叶善祝见到后发现这就是历史上曾经雕刻过的鱼子纹的石品,不但可用而且可以选取大料,从此以后,大畈成了歙砚重要原料产地,也带动大畈砚产业的发展。厂里还请求省地矿局帮助在徽州地区范围之内寻找砚矿,当时与袁守诚工程师商谈,后来由322地

图3-10　胡秋生(右一)带领仿古组制作大观园的牌匾

图3-11 工作人员讨论（左起孙昇平、王云龙、杨震、胡和春、毛明德、曹阶铭）

质队程明铭负责普查任务，找到了一些新的矿产地。

随着出口需求的变化，1981年厂里成立一个创业组，组员有胡震龙、方见尘、程苏禄、曹阶铭，还有曹阶铭的徒弟胡水仙，她是组里唯一女性员工（图3-12）。汪律森在厂里做了2年又离开厂回到家里。

1984年歙县县委领导借鉴屯溪的做法，成立一个歙砚研究所，从歙砚工艺厂分离出去，任命方见尘为所长。

虽然受到方见尘的邀请，但曹阶铭没有去研究所。原因是研究所没有正式编制，他觉得自己好不容易才搭上最后一班车招工进来，如果跟着出去，万一失败了就后悔莫及。他想继续在厂里做技术工作，充分发挥自己的作用。后来他不懈的努力得到了领导的认可，慢慢地还走上了管理岗位，信心更足。

不久之后，研究所因经营不善，处于半瘫痪状态。恰逢婺源大畈那边开发鱼子石，培养自己的砚雕队伍，方见尘应邀去那里做业务指导。一年多之后，歙县县委领导认为领军人才不能流失，要求方见尘回厂。作为优惠条件，研究所又回归到工艺厂，厂所合一，厂长兼任所长。方见尘是名誉所长，实际上是在厂里的创研组工作。

图3-12　青年女工胡水仙（摄于1985年前后）

　　方见尘博采众长，20多年来逐渐形成了自己的独特风格。他的作品追求意境，有写意之情，不少作品"不尽琢磨，半留本色"，天然风韵，神形兼备，深受近代书画家们的器重。另外还有中青年艺人汪启渭、孙升平、曹阶铭、程苏禄等，都是功力较深的后起之秀。

　　歙砚雕琢艺术在继承和发扬徽派传统风格的基础上，吸收了各地砚雕

图3-13　汪启渭作品

图3-14　孙升平作品

艺术的特长，从中汲取营养，扩大开放了随形雕琢的范围，在探索写实手法和自然风韵相结合方面取得了突出进展。其产量增长之快、品种增加之多、雕琢艺术之精细均为历代之最。

在完成出口任务之余，歙砚厂从20世纪70年代初期开始越来越多地扩大对外影响并获得各种荣誉。1972年100方歙砚在香港展出，引起轰动。1979—1980年荣获轻工业部优质产品和安徽省优质产品证书。1980年国务院副总理万里访问日本，赠给日本天皇一方玉带绕金星歙砚；1984年5月，时任中共中央总书记胡耀邦访问朝鲜，把歙县工艺厂制作的一方仿古砚作为国礼赠送给金日成主席。歙砚已成为我国对外文化交流、联系与世界各国人民友谊的桥梁和纽带。

20世纪80年代，随着改革开放的进一步深化，涌现出一大批新的歙砚生产企业，包括歙县文房四宝公司、歙县徽城文化服务部砚台厂、歙县上丰工艺厂、歙县龙潭砚厂、歙县洽河工艺厂、歙县正口工艺厂、歙县紫云砚厂、黟县工艺厂、屯溪文房四宝堂等。

就80年代歙砚厂的情况，笔者采访过杨震。杨震（1955—）当过兵，1980年从部队回来以后到了歙县工艺厂，一开始在办公室当秘书。后来担任厂长，离任后进入政府工作，担任过副县长、县长、县委书记和黄山市政协副主席。

据杨震介绍，他进厂里，厂里员工总共有一百二三十人。他所在的办公室人员不多，供销2人、财务2人，管生产也只有三四个人。厂里除了做砚台主业外，还有木雕工艺和竹雕工艺。竹雕主要做对联，木雕除了做对联还做一些工艺摆件。产品出口为主，主要销往日本，东南亚也有一点。木雕用的是普通木材，做砚盒有时用螺钿工艺，也做一些螺钿屏风、托盘之类的。

当时的厂长汪德政，是一名行政干部，不搞业务，厂里没有副厂长。叶善祝是厂宣传科长，但主管生产业务，兼管销售，是实际的二把手，1982年提升为副厂长。1983年底，汪德政被调到屯溪，叶善祝作为副厂长主持工作。他是党外人士，所以一直没有被提任厂长。

1984年，时任国务院总理的赵紫阳视察安徽，据说原计划要视察歙县工艺厂，后因故没有成行，但在听取关于歙砚生产情况以及成果汇报后非常高兴，指示国家计委（计划委员会）进行调研，加大了对歙砚等传统手工艺产业的支持力度，并在资金上予以支持。为了重振徽州文房四宝，弘扬歙砚传统工艺和开发新品种，从1984年开始叶善祝的主要精力放在文房四宝公司的筹建工作上。1984年12月公司成立，叶善祝任总经理。

成立文房四宝公司，目的是把歙县的歙砚厂和徽墨厂统揽起来。公司从工艺厂分出去时，也带了一批人。叶善祝提出，要将工艺厂的产品和墨厂的产品交给文房四宝公司销售，遭到两厂的反对。当时墨厂的厂长是程皋。杨震和程皋认为，自己有成熟的销售渠道，不可能把现成的利润让出去；如果文房四宝公司要经营他们的产品，只能按出厂价进货。结果谈不拢，只好各自为政。除了歙县工艺厂、歙砚研究所、文房四宝公司3家，徽墨厂后来也开始做砚台，主要是出口，小部分做内销。

当时主要是做实用砚。砚的形式比较规范，以方正砚为主，长方的、风字形的、椭圆形的等，总之比较规范。当时的销路以出口为主，基本是通过上海外贸出口到日本。砚台形制大部分是依据日本商人提供的图案。此外，我们也做了一些自然形状的，一般是纹理比较好的砚石，当时称"就形"，意思是"就这个石材的形"。不过当时的就形也还是要做一些修整的。现在都是私人做的，尺寸越大越好，不会切割了，一切就小了，价格就下来了。当时出口日本的砚台价格按尺寸论价。以砚台长边的长度的平方算，每平方英寸多少钱。像4英寸是16元，5英寸的就是25元，6英寸的36元。当时用的石头都是老坑石，以金星、水浪纹为主。不过眉纹、金星等比较高档的砚石没有受到关注，好像特别好的砚石也比较少。眉纹石应当是1987—1988年以后流行起来的。

我们每年出口日本上万方砚，不可能有那么多纹理好的石料。其实没有纹理的石头如果放大仔细观察，可以看到暗细罗纹。那时候跟现在的概念不一样，当时生产的砚台以正长方形为主，但有一些料不规整，厂里也想提高效益，就用这些料制作就形砚，在荣宝斋等地销售，供应给国内消费者。一块料如果取规整的长方形砚，只能取5寸的；而如果做就形砚，那就能取8寸甚至10寸，价格就高许多。从纹理上说，当时的砚料以水浪、金星为上品，也有少量的牛毛、刷丝纹。

杨震还向笔者介绍了80年代中期生产工具革新方面的情况：

我之前在厂里当工人的时候用过机械设备，刚到工艺厂的时候还在用手工锯，太慢，就想到使用机械。1984年底我当厂长以后，就通过县科委、地区科委向省科委申请到一个项目，叫歙砚制作的机械化研究。省科委给了10万元，这在当时可是很大的一笔钱。我们与合肥工业大学合作，制作了一种摇臂式液压切割机，还做了一个磨床，都做好了。但由于液压的成本比较高，没有真正投入使用。我到上海出差，在街上看到小型的电动切割机不错，400多块钱一台，就买了一台回来试试。但是这种锯的皮带很贵，当时我们厂里人手富余，如果都改用机械，他们这些人就没事干了，所以手工的方法仍然配套使用。采用流水作业，有人专门划线，做粗略的设计。然后是锯磨车间，2个人在那里锯。

图3—15就是当时用普通的钢锯锯砚石的情形。据杨震介绍，当时厂里买钢锯条，一买就是一大堆。锯过之后，还有几个人专门负责凿石头，把它凿平。凌齐武当时就是负责这项工作的。然后放在磨石上磨，先用粗麻石，加上砂粒（图3—16），之后再用油石磨，直到磨平。完成之后送到仓库。仓库发放给下一道工序。

胡秋生之子胡斌在其资料库中找到了2张80年代的老照片。图3—17为著名相声演员刘伟在工艺厂的天井院子里为大家讲相声的场面。姜坤、唐杰忠等著名艺术家在座。另一张照片是合影（图3—18），是姜坤、唐杰忠等艺术家与杨震等合影。据杨震先生介绍，这次姜坤率领中国广播说唱艺术团30余位演员来徽州，慰问在徽州工作的中央讲师团成员。当时中宣部干部局、外宣局黄怒波处长（后任中宣部部务委员，1995年创立了自己的企业——中坤投资集团，成为著名的企业家）任讲师团长，在这里工作长达一年之久。早前黄怒波与杨震联系，想购买一些歙砚送朋友。姜坤对歙砚有兴趣，来黄山之后，约杨震见面并带领几位同事到厂里表演了一些节目。

20世纪80年代歙县工艺厂处于十分良好的发展阶段，经济效益相当

图 3-15　手工锯砚石

图 3-16　将砚坯放在麻石上打磨

图3-17 相声演员刘伟讲相声（姜坤、唐杰忠等在座）

图3-18 杨震与姜坤、唐杰忠等艺术家合影

好，每月上交的税金就有1万多元。要知道，在"万元户"少有的年代，1万元是一个很大的数字。

进入90年代，特别是在1993年推行社会主义市场经济之后，歙砚制作业规模扩张得很快，个体经营者数量迅速增加。自1991年杨震厂长离任后，歙县工艺厂领导层更换比较频繁，先后由孙升本和张天峰、张继生等接任厂长，但这段时间厂里的效益明显下滑。后来歙县胡开文墨厂的周美洪厂长还兼任过工艺厂厂长近3年时间，效益仍然不好，到1997年上半年还停产了3个月。

1997年夏，大家推荐和鼓动胡秋生当厂长，按规定交了2万元保证金，之后经营状况大大改观。据胡秋生回忆，在1997—1999年他当厂长这段时间，全厂有200多员工，每个月的工资总共只有三四万元。按照上级有关政策鼓励中小企业改制，县里决定将歙县工艺厂作为改制试点单位，1999年5月1日工艺厂正式改制。与当时的很多中小型国有和集体企业一样，歙砚厂实行了体制改革，所有工人按工龄每年400元的标准一次性"买断"了工作关系。胡秋生自己注册了黄山市古城歙砚有限公司。

二、屯溪恢复歙砚制作情况

屯溪工艺厂也是差不多与歙县工艺厂同时恢复歙砚生产的。据汪培坤介绍，他从师傅吴水清那里知道，屯溪工艺厂开始于1956年公私合营。老厂原址是屯溪老街画院所在地，即现在一马路的位置，后来改称轻工业联

图3-19 屯溪工艺厂职工合影（汪培坤提供）

社。屯溪在1964年之前属于休宁县，工艺厂属于县轻工业局创办的企业，第一任厂长是罗均荣。

1964年屯溪开始制作歙砚，最早一批砚雕师傅有吴水清、汪福林、孙海宣、夏金。他们都是木雕艺人，与歙县的几位砖雕师傅一起参加过人民大会堂安徽厅的装饰工程，从合肥回来后进入工艺品厂。歙县派人开采的石料，也分给屯溪一些计划。

屯溪工艺厂除砚雕外，还有漆器、通草画、玻璃画等。当时漆器制作方面力量最强，有俞金海、徐立华等老师傅。厂里还做"盒子烟火"，领头的师傅是王维祥，还有汪培坤的大师兄孙海波。后来他们不做烟火就转行做砚，负责磨砚坯子。

据孙海波介绍，"盒子烟火"制作也是从上海学过来的。中华人民共和国成立时在上海放过。1958年底省里下达一个任务，就是准备在1959年庆祝中华人民共和国成立10周年时使用"盒子烟火"。徽州工艺厂与阳湖花炮厂的师傅，还有寿县等地制作烟花的师傅，一起有30多人，齐聚合肥共同制作"盒子烟火"。据说这项技艺是从"纸扎"演变过来的，与花炮制作结合。屯溪的"盒子烟火"到北京、合肥都放过，后来就不做了。

1969年，按照大联合的要求，屯溪把所有的工艺都合并到竹编厂，当时做竹编的、做漆器的、做砚台的手艺人汇聚到一起。之后的10来年工艺厂走下坡路，很不景气。徽州竹编省级代表性传承人俞日华（1945年生）在2019年接受访谈时也提到了这一段历史：

> 原来的屯溪竹器社，后来改为屯溪竹器厂。随后将各种手艺合在一起，就成立了屯溪竹编工艺厂，再后来改称屯溪竹编厂。其实，竹编厂并不只有竹编，还有漆艺、砖工，也有搞石雕和砚台的。之前我们屯溪没有漆器，只有几名零散的漆工。后来竹编走下坡路了，就把漆器作为竹编工艺厂的一个新兴产业。也就是说，屯溪的漆器，是竹编工艺厂把它扶起来的。漆器制作方面慢慢上规模了，就给分离开来，变成一个漆器工艺厂。再后来进一步分散，我们单位又变了好几个单位，有漆器工艺厂、竹编工艺厂、消防梯厂、制香厂、棕麻社，化为5个厂了。竹编工艺厂就像是一

只母鸡，漆器工艺厂等都是它孵化出来的仔鸡。

汪培坤回忆说，他1973年回到工艺厂时，厂里还是综合的，当时已经恢复了砚雕，老艺人还在厂里，那时候开始有点规模了，还从外面招进了一批人，其中学习砚雕的有六七个人。后来又调了三四个人学习砚雕。大概在1972—1973年砚台发展到了高峰期，砚雕已经有将近20个人。

1974年汪培坤任车间副主任，当时歙砚制作还处于高峰期。下半年因为石料供应问题，徽州与婺源打起了官司。婺源本地也开始制作砚台，双方为了石料分配的事情发生争执。当时石料紧缺，屯溪这边还有一些库存。

汪培坤还记得，当时屯溪镌刻的一方长87厘米、宽47厘米的就形"黄山迎客松"巨砚，1975年在京展出后，又送往上海、香港展出，均载誉归来。

在这种情况下，屯溪与歙县一样，开始着手积极寻找新原料。1975年屯溪开发的是休宁流口石，当时发现这个坑口与江西婺源老坑石同属于一个山脉，那边叫龙尾，这边叫龙头，相距只有二三十公里，但也没有从根本上解决原料问题。屯溪歙砚产量开始萎缩，逐年减产，人数也逐渐减少。到1976年，厂里确定以做漆器为主业，做砚台的员工大多改行做漆器等，只有4位老师傅一直在做砚台，直到他们于1979年前后退休。不过，砚台不是主业，也不计他们的产量了，做多少算多少。可就这几年厂，砚台的产量反而上升了。

据汪培坤回忆，当时做的砚台除了规矩砚，也做就形砚。不过就形砚也有一定的规格，磨成统一的坯子，有一定的形状，大小从3寸到10寸不等，否则不能出口。当时选料很讲究，必须无筋无隔，没有瑕疵，背面粗的都不用，就像是取火腿的火腿心，只用其精华。现在市场上的很多料都是那时废弃不用的。1974年厂里生产了3000方砚，差不多都出口了，产值十几万元。当时出口价格，小砚每方几元、十几元至二十元，大些的也只有五六十元。

1978年底汪培坤任副厂长，当时厂长是王光德，之前老厂长罗均荣在上江工艺厂，后来并到一起来的。王光德不搞砚雕，纯粹从事管理工作。

为了增加做漆器的新生力量，厂里向社会招聘了一批工人。甘而可是其中之一，之前在圆木社做木工，基础很好，在同一批人员中非常突出，因而最先进厂工作。但当时厂里漆器还没有正式上马，所以他被安排跟汪福林师傅学习砚雕技艺。据汪培坤回忆，当时还有另外3位也学习砚雕：一位是从歙砚厂调来的，叫吴承红；第二位是李林，原来是在厂里写字的，后来也转到砚雕上来；还有一个女孩叫朱晔青，当时在刻字社刻过印章，刻得很精细。甘而可也说到她：

> 当时我们两个是最早被选到屯溪工艺厂上班的。她进步得很快，我记得她的师傅挺有趣，小小的个子，脸上有点麻子，有个外号叫麻子青，其实他叫吴水青。他刻砚时每刻一刀就吹口气，很好玩！

1985年，屯溪市还是徽州地区的屯溪市，不久就要成立黄山市。屯溪市委书记陆坦建议成立屯溪工艺美术研究所，把汪培坤调去当所长。汪培坤要求从工艺厂调一批骨干分子去，甘而可是其中之一。那时漆器工艺厂的厂长戴广裕不放甘而可走，说要谁都可以，甘而可不行。汪培坤坚持要甘而可来。最后还是市里面下的调令，调甘而可到屯溪工艺美术研究所工作。甘而可跟师父汪福林学过做砚台，所以到研究所之后，既刻砚台，也做漆雕。当时做的漆雕是刻漆灰，跟刻砚台是相通的。当时用弹簧钢，烧红了打制刻刀，不像后来钨钢刀那么好。

工艺厂已经不做歙砚了，但工艺美术研究所可以说是包罗万象，什么都做，对徽墨、漆器、竹编等徽州一些传统产品进行开发研究，也做歙砚，从事砚台制作的是9个人，大多是从歙县选调的。原料是婺源的农民自己运送过来的，还有流口石。产品就在研究所卖，有一些散客，很多是特地过来买的，与歙砚工艺厂不同。直到1989年汪培坤离开研究所被调到胡开文墨厂，之后漆器工艺厂主要做漆器，中断了做砚台。

笔者在吴永康的笔记本中看到他抄写的《安徽文房四宝之乡》一文，注明由徽州地区二轻罗云龙科长于1985年8月完成初稿，由李财银审定。其中有一个表，列出歙县、屯溪和休宁3家砚厂1963—1984年生产歙砚的情况，详见表3—1所列。

表 3-1　1963—1984 年歙县、屯溪、休宁 3 家砚厂生产情况

年份	产量(方)	出口量(方)	生产单位	年份	产量(方)	出口量(方)	生产单位
1963	147	0	歙县 1 家	1974	8219	5883	歙屯休 3 家
1964	681	304	歙屯 2 家	1975	7534	6121	歙屯休 3 家
1965	989	675	歙屯 2 家	1976	7618	4738	歙屯休 3 家
1966	1228	734	歙屯 2 家	1977	7869	5847	歙县 1 家
1967	1452	768	歙屯 2 家	1978	8872	5058	歙县 1 家
1968	1356	1709	歙屯 2 家	1979	11744	6428	歙县 1 家
1969	1810	1580	歙屯 2 家	1980	11314	8120	歙县 1 家
1970	1718	1579	歙屯 2 家	1981	9058	4846	歙县 1 家
1971	1920	2358	歙屯 2 家	1982	15964	7308	歙县 1 家
1972	3412	2581	歙屯 2 家	1983	11736	7062	歙县 1 家
1973	6234	3501	歙屯休 3 家	1984	12649	8118	歙县 1 家

1983—1989 年，屯溪的企业与歙县没有太多联系，刻砚所用石料主要来自婺源。屯溪胡开文墨厂在 80 年代末也开始生产砚台，当时有七八个人，原有个"宝砚厂"的招牌，在胡开文墨厂下面。80 年代中期生产歙砚的除歙县，屯溪主要是研究所和墨厂。当然民间也有人在生产，零零散散，不计其数。1989 年汪培坤离开后，企业解散，一部分工人在工艺厂，一部分人散到社会上自己做砚台，像方建华、方晓、胡东春、凌双丽、凌萍等七八个人都散在民间自己做砚台。后来发展到徽州区也在做砚台，是由旅游局创办的砚台厂，有十几个人。歙县那边规模要大些，人数要多些。

80 年代末至 90 年代初，歙砚发展已经进入高峰期，做砚台开始私营化。婺源也开始做砚台，有大阪砚厂和龙尾砚厂，徽州岩寺也有一个厂。此时歙砚生产已经发展到一定规模。90 年代研究所已经没有了，歙县歙砚厂和江西婺源龙尾砚厂是 2 个重点生产歙砚的基地。当时江西婺源还成立了砚矿，叫"中国歙砚龙尾砚矿"，规模逐渐变大。到 90 年代歙砚制作全行业逐渐发展到一千四五百人。

汪培坤在 1989 年下海经商后成为个体户，其兴达工艺品公司经营 3 个

加工厂，专门生产歙砚和端砚。一般是设计出新样品，拿去订货，再组织生产。来不及生产就委托加工。到了90年代，除去仿古工艺、老工艺不算，新工艺生产的砚台一年的产值接近500万元，最高年份有七八百万元，占歙砚市场的1/3～1/2，比歙县工艺厂还多。他还到江西婺源、歙县的一些没有销路的个体户收购成品，再整理销售，但还是以自己生产销售为主。屯溪阳湖、万安、岩寺3个加工厂，总共有二三十人。当时砚台价格一般在100～200元一方，最高的接近300元。工人按计件工资，多劳多得，有的一个月几百块钱。一个师傅带2个徒弟，徒弟又带徒弟，加上愿意吃苦加班加点地干，最多的一个月能拿到2000多块钱。做徒弟的一般3年之内没有工资，与现在的学徒大不一样。

此时的歙县工艺厂还属于集体企业，生产任务下达要通过审查、设计、车间主任等一系列烦琐程序，工作效率不高，200多人的企业一年产值仅三四百万元。而兴达工艺品公司这边拿来的日本等外贸样品订单，2个月之内就能完成，销售比较灵活，样品打造后就发下去加工，或者收购，多少钱一方全由市场机制决定。

第二节　砚雕人才培养

一、派员去上海学习

1963年留守的2位砖雕师傅探索制作第一批歙砚后，省手管局将这些产品送到上海，请书画家们试用，反馈回来的意见是，砚料很好，但雕工显得粗糙。针对这一情况，省局于1963年11月批示："已采砚石皆佳品，不能轻易雕刻，免使浪费。凡未雕刻的不再雕刻，砖雕组刻砚二人可用其他岩石凿小学生用的砚台，先训练掌握技术，再用歙砚石生产。从刻砚工人中或另外物色有培养前途的年轻工人一二名，送上海培训刻砚技术。"

据胡宝玉的文章介绍，反馈意见传到了时任安徽省委宣传部副部长、省美协主席的赖少其手上，他是从上海美协调到安徽来的，作为著名书画家，对这方面的情况相当熟悉。他当即决定省里选派两名同志赴上海工艺美术研究室（后改为上海工艺美术研究所，是现在的上海工艺美术研究院之前身）学习砚雕。省里派了具有中专学历的孙惟秀同志，徽州推选手管局管辖歙县仪表五金厂青年技术工人叶善祝。据说叶善祝因写得一手好字而被选中。

叶善祝介绍，他们两个去了上海市徐汇区汾阳路79号，这里曾经是陈毅在上海当第一任市长时办公的地方，后来上海市把工艺美术研究室放在这里，聘请当时上海最高级的工艺美术大师在这里进行艺术创作。其中有个师傅名叫张景安，是叶善祝的启蒙老师。

张景安的师傅是晚清民国时期砚雕界空前绝后的巨擘陈端友。陈端友（1892—1959），名介，字介持，江苏常熟王市镇人，是近代制砚艺术界一位极具传奇色彩的人物，开创了海派砚雕，享有近代琢砚艺术第一大师的美誉。

陈端友出身贫寒，少年丧父，由其伯父推荐在扬州"问古斋"碑帖店当学徒，师从苏州雕刻碑帖和石砚制作的行家张太平学习制砚技艺，数年间勤学苦练，制砚技艺大有长进。1912年随师傅迁居上海，7个月后张太平去世，其子将店铺交给陈端友经营。由于经营不善，5年后关门停业。从1917年底开始，陈端友在家中专心制砚，还参加了"海上题襟馆金石书画会"，结识了吴昌硕、熊松泉、商笙伯、贺天健、张石国等书画名家，并向任伯年之子任堇学习书画艺术。这段经历提高了陈端友的艺术修养，为后来制砚艺术境界的提升打下了坚实基础。为了解决生计问题，大约从1935年起，陈端友受聘于中医名家余伯陶，专门为他制砚，其间创作了20余方端砚精品，其中的古泉砚、竹节砚、镜砚、蝉砚等更是其代表作。图3-20就是他的古泉端砚的正反面，其特点是超写实，看似一堆出土的古钱，很难相信是一件砚石雕刻出来的作品。

中华人民共和国成立后，陈端友曾任中海文史馆馆员、华东艺术专科学校工艺研究员等职，专心制砚。其著名的九龟荷叶砚即是这一时期的作品，1953年在北京第一届全国民间工艺美术展览会上引起轰动，并被选入图录。

陈端友学制砚的时代砚界推崇顾二娘。顾二娘，苏州人，生卒年不详，约活动于雍正至乾隆之际。据《吴门补乘》记载，顾二娘本姓邹，婆家世代以治砚为业。公公顾德麟是顺治年间姑苏城里著名的制砚高手，号顾道人，其制砚技艺高超，镌镂精细，制砚自然古雅，一时名重于世。顾德麟将制砚技艺传给儿子，可惜顾二娘的丈夫早逝，结果顾二娘继承了制砚这门手艺。她制砚以清

图3-20　陈端友的古泉端砚
（上海博物馆藏）

新质朴取胜，虽有时也镂别精细，但秾纤合度、巧若神工，当时书画家都以能获得顾二娘制作的砚台为荣。顾二娘曾给书画家黄任（字于莘，又字莘田，1683—1768）制砚，黄任十分感激，作诗《赠顾二娘》并刻于砚背："一寸干将切紫泥，专诸门巷日初西。如何轧轧鸣机手，割遍端州十里溪。"

陈端友的技艺胜过顾二娘。他的九龟荷叶砚刻好以后，又制作了一个砚盒，盒子的上下就是一个龟板，上盖是龟的后背，总共有13块龟甲纹（图3-21），有一块纹还没有完成，据说是因为他没有完成就去世了。

叶善祝介绍，据张景安讲，自己在向陈端友学习的时候，看见他的手上都是裂口，他的工具都是自己制作的，特别讲究。现在像陈端友这样心无旁骛、专心致志、刻苦钻研的精神应当在社会上发扬光大！

张景安继承了其师傅的技艺精髓，同时有自己的特点。他的作品比较浑朴、圆润，更加强调意境，不是一味地写实。上海博物馆藏有张景安的

图3-21　陈端友的九龟荷叶砚
（上海博物馆藏）

图3-22　张景安的蚕蛾扁箩端砚

蚕蛾扁箩端砚（图3-22），正面是蚕蛾出茧的图案，砚背是竹筛子形象，为后来很多砚雕者所模仿。

1966年4月，孙惟秀、叶善祝学满结业。在上海整整2年的学习培训，使得他们成为新中国成立后恢复歙砚制作技艺过程中最早接受过系统专业训练者。

叶善祝说，他之前是技术工人，在工具制作方面比其他同学都强。当时张景安就很看重他，想让他留下来。他说不行，这是组织安排的，就婉拒了。图3-23是上海工艺美术研究室团支部欢送两位的合影。第二排右三就是张景安，右四是当时的研究室主任。张景安左边是叶善祝，右三是孙惟秀。

他们毕业时创作的仿刻顾二娘之箩砚和春卷砚，堪称杰作。

1966年，歙县决定要献一块砚台和徽墨给毛主席。叶善祝回到歙县之后接到的第一件重要任务就是雕琢这方献礼砚，是一个光荣而又神圣的任务！厂里专门组织一班人来落实，首先从几十吨的石料里挑选一块没有任何瑕疵的砚料，然后交给叶善祝，由他精心设计并刻上铭文，最后一

图3-23 孙惟秀、叶善祝在上海学习结业纪念照

图3-24 访谈叶善祝

方端庄大气的歙砚完成了，于1966年11月敬献给毛主席。砚盒用仿红木制成，上面的字是叶善祝书写的，里面黑色，外盖红色（图3—25）。

图3—25　叶善祝主持完成的献礼歙砚

2011年叶善祝接受笔者访谈时说，2009年6月，中共中央办公厅毛主席纪念堂管理局的同志来歙县调查这方砚的有关信息。从他们口中得知，毛主席逝世后，管理局从中南海挑选了主席生前用过的30件各地敬献的物品存放在纪念堂内。管理局四处寻找当年敬献的单位和个人，送出收藏证书表达谢意。他们要求把这方砚台怎么制作的、怎么赠送的过程资料整理好，交给毛主席纪念堂作为历史资料保存。

二、校企合作培养人才

学校培养是传统技艺人才培养模式的一种新的有效的模式。安徽省在此领域早在20世纪60年代就开始了有效探索。据汪培坤介绍，1964年，安徽轻工厅在屯溪开办过一所工艺美术学校，具体分管的就是省工艺美术公司的胡宝玉。校负责人是时任老二轻局副局长陆坦，后来任过屯溪市委书记、黄山市人大常委会副主任。成员有后来去芜湖机电学院美术系当主任的项龙，还有孙惟秀、朱广新、王伟等与一位储姓同志。据孙升平介绍，几位美术基础课教师中，卢望民教国画，项龙教雕塑，王伟教素描和油画，3位均毕业于湖北艺术学院。孙惟秀和朱广新是省工艺美术研究所的，2人都是省艺校毕业的，孙惟秀经常来联系工作，朱广新也教美术。文化课教师有廖世英、江孝治等。

该班一共招40名学生，原定学制4年，实际是1965年秋进校，到1969年底分配工作。分砚雕、竹编和墨模雕刻3个专业：砚雕的老师是师傅吴水清带着徒弟汪培坤，竹编的师傅是方生全带着吴亚芳、金玉芬2个徒弟，墨模雕的师傅是徽墨厂的胡成锦师傅带女儿胡林仙。学校只办了这一届。

这届毕业生属于全民企业身份。学员中有几个汪培坤比较清楚，如郑磊后来当过屯溪区副区长。赵伟后来当过屯溪第二塑料厂的书记。孙升平后来到歙县工艺厂，杨震离开厂里之后当过一阵子厂长。还有歙县工艺厂的一个姓张的，个子不太高，后来改行了。还有一些人后来转到字画创作方面。孙升平说，有的到塑料厂，有的到五金厂，真正做专业的好像只有他一个人。

改革开放之后，这种传承人培养模式再次被启用。1985年，歙县文房四宝公司成立，叶善祝担任经理。当时人才奇缺，工艺厂的大多数工人受教育程度很低，很多工人连基本的绘画基础都没有，划线都要找技术人员画好，用复写纸复写到砚石上，然后才能在砚石上划线。那时人才引进十分困难，不仅大学生不可能分配到厂里来，就是正规学校培养的中专生也不可能招进来。新成立的文房四宝公司更是两手空空。针对这一情况，叶善祝与时任县教委主任的姚邦藻协商，提出依托行知中学联合培养手工艺人才的设想，并很快付诸实践，1985年招收第一届学员。

图3-26为安徽省行知中学与歙县文房四宝公司签订的《联合办学合同》。为了发展歙县经济，开拓歙砚、徽墨、徽笔和澄心堂纸等传统工艺，造就技艺人才，双方决定依次联办文房四宝班（即工艺班）。由县教育局统一录取54名，公司推荐徒工6名，共60名。学制两年。文化课师资由县教育局负担工资，专业课教师由公司方解决聘用教师的工资（标准是每节课1.5元）。学生毕业后公司择优录用招聘制合同工70%以上。县教育局、

图3-26 联合办学合同

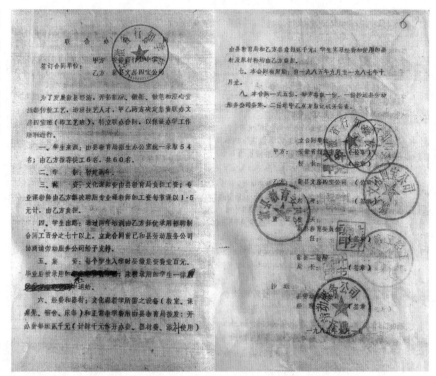

第二轻工业局和劳动服务公司作为主管部门予以相应的支持。每生入学时缴费100元，不足部分由教育局和文房四宝公司共同解决。

据该班班长张永鸿介绍，他们当时是初中毕业参加中考后报考这个班的，性质是职业高中。他们这个班叫工艺班，总共有59名同学，同期的还有水电班和蚕桑班。他们的授课老师除了班主任吴承寅（现已过世），还有雕刻专业老师程起（时任文房四宝公司的副经理，具有扎实的素描功底）、美术老师王功伟（现为歙县黄宾虹纪念馆馆长）等。说是2年制，只在学校上了一年的学习文化基础课和专业基础课，第二年就完全在文房四宝公司实习。实习的时候才开始分工种，按照兴趣和条件将学生安排在不同的车间，学习相应工种的技艺。张永鸿说他个头比较高所以首先选择了制纸车间，学习抄纸。后来成为他爱人的贺继丽也在制纸车间，学习裁纸技艺。此外，还有制墨、制笔、版画等。

张永鸿说，他毕业之后继续在宣纸车间做了2年，之后才改做歙砚。目前这一届学员仍在从事歙砚制作的除了张永鸿（国家一级技师、省大师、高级工艺美术师），还有江宝忠（国家一级技师、省大师、高级工艺

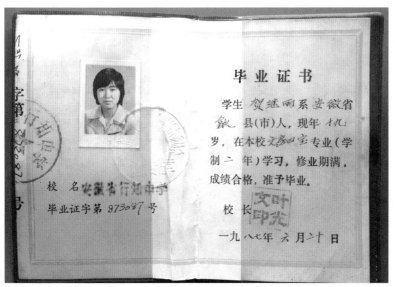

图3-27 第一届工艺班学员贺继丽的毕业证书

第三章 制作技艺的恢复与发展

125

美术师、省级传承人)、王国斌、汪呈武、潘东华等。有些同学在公司改制之后改行从事其他工作;有的参加艺术专业高考,大学毕业后从事美术教育工作,如余秋明现为歙县新安中学美术教师、朱双喜现为歙县二中美术教师等。

第二个班1986年招生,与前一个不同,是歙县工艺厂与行知中学合作办的。招生方式跟1985级的这个班差不多,也叫工艺班,但是主要培养歙砚制作专业的学员,共招收20多名。行知中学负责理论教学,教学生画画和一些基础知识,歙砚厂组织实习。杨震回忆说,他下决心与行知中学合作办一个班,培养文化水平高一些的学员。

周晖就是从这个班出来的,现在是省级工艺美术大师、市级非物质文化遗产代表性传承人,与丈夫方学斌一起在歙县县城经营秉尚文房文化艺术有限公司。据她回忆,他们在学校里学习的课程也是文化基础课加专业课。一般是上午上文化课,有语文、数学等,选择性地上一些,还学习一些古诗词,至于历史、地理、物理、化学没有安排。下午上专业基础课,包括绘画、实用美术、工艺美术、书法,还有砚雕等。每次安排课程一般都是3节或4节课连上。工艺美术课,就是拿一个石膏像画素描,要对着石膏像画一个下午。雕刻课每个人发一块石料,自己设计,自己画图,整个下午都在做。

当代恢复歙砚制作之后第一代传承人中最具代表性之一的胡震龙为该班主讲雕刻理论课，周晖还保存有胡震龙在课堂上指导学生的照片（图3—28）。

工艺厂同时派了三四个老师傅去教学员手工操作。这一届在毕业的时候，通过考试文化课加上雕刻、美术这些专业课的成绩，排名前10的进了歙砚厂。后来的国家级工艺美术大师、国家级非物质文化遗产代表作歙砚制作技艺代表性传承人王祖伟就是其中之一，而且被安排在工艺厂新设置的创研组工作。剩下的有一个留在行知中学，有一个在工艺美术厂做砚雕和制作锦盒之类的工作。后来那个厂不办了，很多人出来就改行了。歙砚厂这10个基本上一直在从事砚雕工作。后来歙砚厂改制，大家都出来了，就剩下几个人还在坚持，有的是自主经营，有的是给别人代工或者到别人公司上班。那个班一共有50多名学员，现在坚持在歙砚行业的只有六七个。

周晖在接受访谈时说：

我是行知中学毕业的，但我老公不是，他跟方见尘学了三年，然后再跟着方见尘父亲方钦树做了几年，后来被工艺厂破格招工。我们那个班学制2年，毕业后经过考试有10名同学被歙县工艺厂录用，进厂后开始是合

图3-28 胡震龙给学生上课

图3-29　行知中学1986级工艺班师生合影

（第二排左起一至三是工艺厂的老师傅，其中左三胡震龙，左五教导主任，
左六校长叶光文；第三排右五程春风，右六周晖；第四排右一胡红斌，
右五张泽球，左四潘玉忠；第五排左一王祖伟，左三张春韶）

同工，2年后转为正式工。现在还在从事砚雕工作的大概有五六个，大部分都不做这一行了。做得比较好的首先就是王祖伟，再就是我和陈春风、张泽球，还有潘玉忠、胡红斌。张春韶也还在做歙砚销售，不过因身体原因不怎么动手做了。

　　第三个班是1987年招生的，无论是学制还是规格都与前2个工艺班有所不同。第一，学制是3年，从1987年9月到1990年7月。第二，县办中专直接与国营厂签订定向培养合同，学员一入学即转为城镇户，所以录取分数线是中专线，比重点高中略高一些。第三，这一届是工艺管理班，主要学习财会和砚雕2个方向。王宏俊提供的毕业证上有当时的学习成绩表（图3-30）。从中可以看到，该班学习的课程包括政治、语文、数学、物理、化学、英语、音乐、体育等相当于普通高中理科的课程，还有书法、会计原理、企业管理、美术、雕刻等专业课程。

　　这个班的雕刻专业理论课也是胡震龙讲授的。王宏俊至今保存着当年

图3-30　王宏俊的毕业证书

胡震龙先生为他批发的作业（图3-31）。

值得一提的是，胡震龙在准备授课过程中编写了《砚雕十谈》，分心绘、巧作、破立、石艺、文技、规章、心学、承启、半留、刀法等10个方面。他在序言中说，编写这个教案的目的，是使学生通过学习，"能胸明气壮地走上砚艺这条路，用虔诚的心，去接承祖先遗留下来的宝贵传统产业，加以尽情地发展"。

图3-31　胡震龙为学员评改作业
（王宏俊提供）

王宏俊介绍说，他们考取的管理班是按照中专招生方式从中考学生中按成绩录取的，计划招生数20名，报道后即将学生的户口农转非，毕业后持报到证到单位报到，档案归人事局管理，到了工作岗位后定企干14级，每月工资68元。虽然是干部身份，分配到公司之后都是进入车间做工人的工作。

砚雕十谈

胡震龙

序

序

《砚雕十谈》是于一九八九年秋季，二度受聘于行知中学，授业高三工管班的情况下撰写的。内容分：心绘、巧作、砚立、石艺、文技、服章、心学、承启、半窗、刀法等十个方面。主要目的是为了培育学生去向的需求。以使他们通过学习，能胸明气壮地走上碾艺这条路。用虚诚的心，去接承祖先遗留下来的宝贵传统产业，加以尽情地发展，而放出歙碾的五彩霞光。

小十谈，仅仅是些个人的工作体会。体会来自实践中的切磋，一个人的工作实践，只能说得出一个人的片面直知。如今把这一点微不足道的东西写出来，经该校教导处同意复印，做通过教学，进一步促明己见。我想，徽州的宝贵传统名产制作，应该由我歙人来继承、发扬光大，振兴中华，人各有责，诚与业人共勉路。

胡震龙

1989 年 12 月 21 日.

图3-32　胡震龙为歙砚班编写的讲稿《砚雕十谈》打印稿（王宏俊提供）

目前这个班毕业生中仍坚守在歙砚这一行的有：王宏俊在歙县县城，张育亲在徽州区，李利宾与许红霞夫妇也在歙县。其他都改行了，有的做财会。

图3-33　行知中学与文房四宝公司合作培养的歙砚管理班师生合影
（第一排右二美术老师汪功伟，右四副校长吴存果，右六叶善祝，左一化学老师汪永成，右四数学老师汪再萌；第二排右一语文老师兼班主任方广洲，右二政治老师洪巍，右三书法老师程德润；第三排右一英语老师王钢，右五音乐教师，左二物理老师，右六许红霞；第四排右一张育青，右五李利宾，左二王宏俊）

第四章

绕不开的三百砚斋

　　研究歙砚制作技艺的当代复兴，永远绕不开的一个话题——三百砚斋和他的主人周小林。三百砚斋是歙砚制作技艺当代发展史上一个重要的平台，是外界了解歙砚的一个重要窗口，而且从一定程度上可以说还培养了一批歙砚制作技艺杰出传承人，在歙砚再度赶超端砚、走向辉煌过程中发挥了不可或缺的作用。

第一节　跨入砚界的周小林

一、进入砚界之前的周小林

要说清楚三百砚斋的来历，当然得说他的创办者周小林。周小林，1946年4月生于安徽泾县茂林村，父亲是浙江绍兴人，母亲是泾县吴氏。然而，从只有10个月大开始，他就由视之如己出的养母带着，直到长大成人。

1959年夏天，周小林从家乡南陵县来到芜湖，凭借一首《弹起我心爱的土琵琶》考上了芜湖艺校。当时艺校有教老生的张钰春、教武生的高金宝、教武旦的沈云霞3位老师，都是造诣很深的京剧名角。周小林学习十分刻苦用功，深得几位名师的青睐，成为同学中的佼佼者。他还结识了同在梨簧班的师妹刘正英，1962年两人作为优秀学员一起被分配到芜湖专区皖南花鼓戏剧团，再后来结成终身伴侣。

在皖南花鼓戏剧团，周小林饰演过《三打白骨精》中的孙悟空、《狮子楼》中的武松、《白水滩》中的十一郎、《盗草》中的鹿鹤童子等角色。由于出现了"倒仓"，原来出色的金嗓子一下子不能唱了，22岁的周小林另辟蹊径学习戏剧理论，尝试做导演排戏。他以一本连环画为底本编排革命现代京剧《红灯记》，还编排了试验性现代生活小戏《采茶》等，显示出他具有编导的才华。

图4-1　周小林剧照

1980年，周小林调到徽州地区文化局担任艺术科科长，并作为编导负责徽州地区涵盖京剧、徽剧、黄梅戏、越剧等戏曲和歌舞、话剧等门类的9个专业团体的艺术指导。他在旌德县越剧团指导的越剧现代戏《代价》、在歙县指导的黄梅戏《幽兰吐芳》均获得成功。在多年的艺术实践中，周小林还形成了自己对于戏曲艺术的独特理解。如果不是后来的一次意外的事件，他可能一直在戏曲文艺实践道路上走下去并取得更大的成就。

然而，命运却对周小林另有安排。

1989年，经过10年的改革开放，黄山旅游业的发展已经风生水起。为了吸引更多的游客来黄山观光旅游，安徽省委省政府领导提出要组织力量写一首黄山的歌，广为传唱以宣传黄山。这个任务最终落实到黄山市文化局来完成。担任文化科长的周小林提出落实方案，要制作黄山风光音乐电视艺术片，集黄山四季之美，唱黄山风云变幻。他大胆地提出，要请乔羽作词，谷建芬、王酩、士心作曲，刘欢、毛阿敏、韦唯、杭天琪等演唱，并且邀请邓在军担纲导演，在中央电视台播出。这一方案首先得到张怡清局长的肯定，最终得到市委季家宏书记的批准。

图4-2　邓在军（右）与周小林、叶新申

此后的具体落实则是由周小林领衔完成，包括去北京与这些大牌导演、词曲作家、歌唱家等联络，也包括从古井酒厂、合肥洗衣机厂、安徽冰箱厂、芳草牙膏厂等省级企业和黄山市本地的一些企业筹集到赞助经费53万元。

12集风光音乐艺术片《黄山》历经一年时间成功完成拍摄，并且在中央电视台一套于亚运会期间每天播一集，产生了巨大的影响力。可是给周小林带来的不是嘉奖，却是整整10个月的拘留审查。虽然后来被无罪开释，但是周小林作出一个重要决定：辞去公职，把歙砚作为自己后半生的事业。

周小林喜欢歙砚，早已涉足这个行当。他一开始一般性地收藏砚石，在下乡采风过程中偶遇心仪者便买下把玩，逐渐地对奇妙的歙砚石产生了浓厚兴趣。

周小林联系最多的，是汲古斋的经理郑国庆。汲古斋算是市文化局的二级机构，属于文物科管。郑国庆是搞文博出身的，算得上是黄山市最早的一批对砚和砚文化理解得极其深厚的专家，在销售方面也有丰富经验。周小林一开始还分不清老坑、新坑，经常一下班就到汲古斋砚店里。看到郑国庆随手拿起一块石头，一看就知道这是老坑的、那是新坑的，清清楚楚，周小林对他十分敬佩。尤其让他佩服的是，郑国庆还知道这块石头应该让谁雕、谁雕比较合适、不可以让谁雕，一本清账。

周小林说，他自己是搞艺术的，但不是做这个门类的，所以要开始研究和学习，没事就去请教郑国庆，谈论歙砚的鉴赏、制作、工艺等。两人是亦师亦友的关系，在歙砚文化上郑国庆对他是一个良师益友。郑国庆还带着他一起去访问老一批的歙砚界的名流，比如方见尘，还有方见尘的父亲方钦树，到他们家去访问、学习、欣赏。在老街做砚的，那时候都是老一批的，有甘而可、余共明等。他们都在研究砚，周小林也在不断地向他们学习请教。

就这样，周小林从一个喜爱砚文化的业余爱好者，慢慢地有点"走火入魔"，工作之余就一头钻到汲古斋。他常常就搞一盆水或者一桶水，把石头一块块地从水里过，判断是新坑还是老坑，认识眉纹、金星、金晕，识别这是好的、那个不好、这个有什么样的毛病或瑕疵等。

在拍摄《黄山》的过程中，周小林负责联系北京等地来的艺术家。邓在军导演领着一批中国一流的演员，到黄山来了，飞机在天上飞航拍黄山，宣传黄山。周小林说：黄山市刚成立，经济上还很落后，文化局经费严重不足。人家到这里来，他就想办法搞一块石头、做一款砚、买两锭墨什么的。这样花钱不多，却能代表徽州文化特色。送给他们，比请他们吃饭喝酒好多了。他们比得到什么都喜欢。"哎呀！黄山还有这些好的砚、这么好的墨！"这让周小林从此对歙砚产生了眷念和情感，不过还只是喜欢，还没有想到要去从事这项工作。后来周小林与潘冠杰合作写7集电视剧《墨怪》的本子，把歙砚文化也糅了进去。

到了1992年，我发现我已经真的很喜欢这个黑石头了，我觉得我应该为这个石头做点什么。由于我在文化局艺术科工作，我们的工作就是与人打交道，在与有些艺术家打交道时要看他们眼色行事，还要与各个县的文艺团体打交道，又是和人打交道，就觉得很疲惫、很累！同时，还要与剧本打交道，作为编剧，要搞文字，搞文字是非常辛苦的！有时候半个月、一个月就在那里搞剧本，还要经常下乡！虽然这个工作是我喜欢的前半生一直在做的艺术，是我所追求的，但是我开始觉得与人打交道太累了，没有一个安静、休闲的心态。整天不是出差就是接待。这是一个方面。最根本的是这种工作有制约，你写出一个剧本，或者策划了一台晚会，它是综合的，你需要资金。资金从哪里来？必须上报市政府，请他们批。还要经过宣传部，还有分管文化的市长、书记，甚至还要报到一把手，请他批。还有，你排得怎么样，要请他们审查，你个人对艺术的把握只代表你个人，你不能做决定。我们是做艺术的，特别是做一台晚会，是从艺术角度精心创作。他们是搞行政的，是站在行政的角度去看你的艺术。他们提的意见有时候是对的，也有时候是外行，你全按照他们的意见去修改，那这个艺术作品就面目全非了！所以我觉得很苦恼。

这以后，周小林越来越觉得在文艺圈工作"不清静"，便干脆辞去文化局工作，下海经商。他说：

歙砚、徽墨等文房文化的创作是个体的，不需要与很多人打交道。一块石头由你选，选好的石头，你去设计、创意，你怎么雕，想好了之后，就去找一个认为可以刻得好的砚雕师，让他来操刀，你只要给他钱，提出你的要求，他就按照你的意图来雕，它就可能成为一块好作品。这样就避免了和很多纷繁复杂的人打交道、与不懂艺术的人打交道。由于我觉得疲惫、苦恼、不安静，最后就给我们的局长写了一份报告，要求提前办理退休手续。

当时周小林才47岁，在黄山市47岁办退休算是第一个吃螃蟹的人。3年之后他的报告才得到批准，他算作正式退休。

实际上这是一个很冒险的决定，因为我一个搞艺术的怎么适合于在市场上做生意呢！艺术和市场接不上去，没有经济头脑，不会做生意。当然我有一个依靠，就是郑国庆，我能取他的长处。我们就成立了三百砚斋。

据周小林介绍，三百砚斋这个店名是前中国美术家协会主席、曾担任中央美院院长的吴作人题的。

图4-3 周小林拜见吴作人

　　我在北京搞《黄山》新闻发布会以后，就开始有这个打算，并付诸行动了。我到了吴作人老先生家里，请老人为我未来的歙砚店题一个牌子。《黄山》中"黄山"这两个字就是我和邓导请他题的，有过这样友好的交往，再说他是安徽泾县人，而我又是吴氏家族的后人，算是一种亲戚关系。他很喜欢我。那年他82岁，我45岁。他不太同意我出来做，他说：你做艺术做得很好，你们的《黄山》、你们创作的《幽兰吐芳》都很不错。你们的《黄山》在亚运会期间播出，你和邓在军这样的著名导演合作过，你已经做得很好的，为什么要改行呢？他说：你今年都45了，你对歙砚这行当熟不熟？我说不熟。他问我最熟悉什么。我说我最熟悉编导这一行。他说：你做老本行都做到这个份上了，你改行有把握能做好吗？孩子，一个人一生选择一件事就要决心做到底！不能用现在的话叫"跳槽"，这个工作干几年，不想干了又换一个，把时间都耽误掉了，结果什么也干不好。他是位大艺术家，也是个著名的艺术教育家。他点到我的穴道了，他说：你都40多岁了，跳一个槽，不好再换一个，将来怎么办？丢掉了自己擅长的东西，做不擅长的？他不同意。我就跟老先生讲我心里话，我说我在文化局干，感觉现在的工作不快乐，因为它不安静。所以再做下去非常郁闷！只好改变自己，从里面撤出来，做一个相对单纯的事情。这个话他很能理解：你说的我明白，那个圈子比较热闹！

　　其实对周小林本人来说，做出这样的决定是很痛苦的一件事，毕竟要割舍自己30多年一直从事的专业。面对自己崇敬长辈的谆谆教诲，周小林下定了决心，他向吴作人保证："我从46岁开始做，可能还有20多年的时间，这些年我绝不会再跳槽！"老先生说："我同意你。但是，你要做歙砚，又开一个店去销售歙砚，这样就把歙砚当成一个商品。砚是文人书写绘画的工具，不是纯商品。它是文人雅士欣赏的艺术品。你若把它做成了纯粹的商品，那就是失败。所以，你要把文人所喜好的文化、艺术、中国古典诗词等元素与你的这块石头融合在一起，形成自己的风格特点。你要能把这一件小事做好了，也就成功了。哪有那么多的大艺术家都去做大事！"吴作人最后帮周小林题写了"三百砚斋"和"歙砚第一家"2个店名，还解释说："'三'这个字符合中国人的审美习惯，'百砚'为多，

图4-4　屯溪老街上的三百砚斋

白石老人常用的一方闲章就叫'三百印富翁'，我希望你成为'三百砚富翁'；至于'歙砚第一家'不用说也明白，我期望你只做第一，不做第二。"

周小林认识到，先生的这种教育真是醍醐灌顶，让自己茅塞顿开！吴作人在首都北京、在全中国，甚至在世界上都是著名的艺术家。"他的胸怀、眼光、修养就是不一样，和我们看问题的角度不一样！我一生中遇到很多贵人，他就是我的一个贵人！"

图4-5　吴作人为周小林题写的"歙砚第一家"

图4-6　胡淼的作品凤池砚（刘齐武木艺配盒）

单有决心是不够的，真的做起来就会有很多难题要解决。除了开店需要资金外，最大的问题，还是周小林觉得自己对于歙砚涉入不深，一时还难以独自驾驭。所以，周小林回到屯溪后，就去找郑国庆，介绍了北京之行的收获。郑国庆听了周小林的想法之后，很快就被这份高远的理想和高涨的情绪所感染，愿意和周小林联手，共同来做这项事业，打造一个顶级的品牌！两人商定联手开店，在老街二马路中间139号租了半个店面，另一半还在卖花布、土特产。他们搜罗已有的歙砚，包括尚未成砚的上好砚坯共约300方，于1992年9月1日悬挂上"三百砚斋"招牌，正式开业。于是屯溪老街上就有了一家"三百砚斋"。

二、三百砚斋横空出世

怎样才能做到"歙砚第一家"？这不是口头上说说就算数的，也不是拿来一个国家级代表性传承人，或国家级工艺美术大师，抑或得到什么金奖就算是"第一"。做最好的歙砚是一个系统工程，相关因素都得细化落实。

综合来看，三百砚斋的发展历程至少可以分为3个阶段。

第一个阶段是开张后的前3年9个月。周小林与郑国庆联手，凭借他们各自的优势，即郑国庆在歙砚行当深厚的积累和周小林出色的运筹帷幄能力。其实在创业之初，他们在物质上并没有多么雄厚的实力，还没有自己的砚雕师，只有较为先进的经营理念，加上独到的审美能力。他们所采用的方法就是从市场上选一些好的歙砚，同时也请人代为制作一部分，关键是加上自己的较为精致的包装，打上"三百砚斋"的品牌，向外推广出

图4-7　三百砚斋的新款歙砚荷塘月色砚（胡国山作）

售。三百砚斋很快就打开局面，在短短1年之内，不仅收回了投入的成本，还赚了近2万元的利润。

应当说，三百砚斋赢得良好开局，最主要原因当然是他们确定的相对高端精品的路线，即遴选尽可能优质的原料、相对精湛的工艺和相对前卫的创新构思，制作相对而言可以说是别开生面的作品。当然，绝不可忽视的一个深层次的原因，就是顺应了中国当时蓬勃兴起的市场经济浪潮下追求审美趣味的消费时代潮流，赶上了黄山旅游业已经逐渐走热的节奏。也就是说，三百砚斋成功是因为在"人和"的基础上与"天时、地利"合上了节拍。

当然，矛盾的主要方面，或者说占主导地位的因素，还得说是周小林追求卓越的理念。

有一天，周小林和郑国庆讲了自己的一个新想法。他说："我们的步子要迈大一些，我们要加大投入，把我们赚来的钱全部投进去，买一些高档的石料，制作一批精品歙砚，到北京去办一个展览。歙砚已经很多年没有进京了，三百砚斋要想弘扬歙砚，必须进京去展示一下，看看歙砚在古都反响如何。如果展览失败了，那也没关系，至少我们可以吸取一些经验，也算是为歙砚做了一次宣传，大不了我们把砚台运回来。"

郑国庆非常赞同周小林的计划，两人便着手筹措北京的展览。展览于1993年12月在北京中国美术馆举办。周小林在拍《黄山》的过程中与中央电视台合作，认识了不少文化艺术界朋友。这次展览，他又邀请央视撰稿人、词作家曹勇帮助张罗各种具体事宜；特别是邀请到中国美术馆副馆长、现国家博物馆馆长吕章申先生亲自操办；又有中国书法家协会主席沈鹏题写展标（图4—8）；甚至邀请到乔石亲临展厅（图4—9）并书写了"弘扬民族文化，发展歙砚艺术，三百砚斋歙砚精品展"的题词（图4—10）。

恰在当时中国书协正在筹备"第二届国际书法展"，谢云秘书长和展览部白煦主任决定将2个展览安排在一起。这就使得三百砚斋的200方砚与来自世界各国的书法精品珠联璧合、交相辉映。

展会吸引了社会各界知名人士的目

中國歙砚精品展

沈鹏

图4-8 沈鹏题写的展标

图4-9 乔石（中）和沈鹏（左）在砚展

142

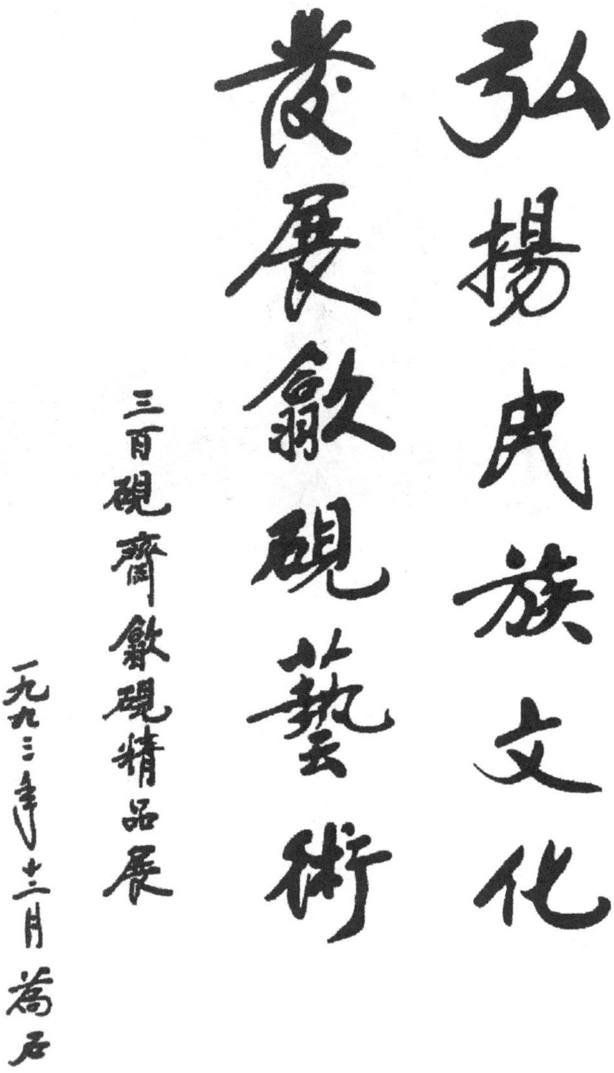

图4—10　乔石题词

弘扬民族文化

发展歙砚艺术

三百砚斋歙砚精品展

一九九三年十二月　乔石

光，其间乔石、曹志、罗工柳、冯其庸、侯一民、沈鹏、刘炳森、谢云、佟韦、张虎、乔羽、姜昆、李文启、郁钧剑、郎昆、金越、刘璐、余声、万山红等都到展厅观赏或购请精品歙砚。在众多购砚者中，姜昆最突出，一次买下20方。图4—11即姜昆选砚的场景。吴作人先生夫人萧淑芳来到现场，看到一幕幕动人的情景，激动地拉着周小林的手说："好！小林，你给吴先生的脸上增光了！"

展览结束时周小林和郑国庆带去的200方歙砚被收购一空，带回来的是20万元现金。只有一方对眉子石，是一块宋坑籽料，上有七八对对眉

图 4-11 著名相声演员姜坤在选歙砚

纹，1988年周小林和郑国庆从一个砚农家里收来的，周小林和郑国庆怎么也不舍得出让。

周小林介绍说，当年蒋介石前往台湾，把乾隆年一块手掌大的对眉子歙砚带到台北故宫博物院去了，三百砚斋的这个比那个体量大多了。

一年多以后，1995年春，在上海刘海粟美术馆开馆之际，三百砚斋应邀在上海举办歙砚精品展。展出地点在虹桥的刘海粟美术馆，展标由国画大师程十发题写。三百砚斋带去的精品歙砚，与刘海粟大师存世作品一并展出，同样获得巨大成功，300方歙砚被购请一空。

从此，三百砚斋制作的歙砚声名鹊起。国内一些顶级书画家如吴作人、罗工柳、沈鹏、刘炳森、程十发、朱屺瞻等人用砚，均指定由三百砚斋定做。

这第一阶段的成功来得太快，甚至出乎他们自己的意料。三百砚斋今后向何处去，两个斋主却有不同的打算，出现了严重的分歧。郑国庆认为，现在是顺风顺水，市场前景极其广阔，可以继续这样走下去。但周小林认为，自己所追求的是不断超越。

周小林不愿安于现状，不愿安稳守成，他始终记住吴作人先生的"要做就做第一"的教诲。郑国庆觉得，三百砚斋已经远越他家，已经第一了，不理解周小林所说的"第一"到底怎样才算是实现。其实，在今天看

祝贺刘海粟美术馆开馆

中國歙硯精品展

三百硯齋 惠存 程十发书

乙亥春月

图4-12 程十发为歙砚精品展题字

来，两人的分歧源于截然不同的价值追求：一个是要"做生意"，另一个是要"做事业"。或者说，一个是要"做大"，另一个则是要"做强"。

两个合伙人、好朋友在上海展览期间深入地交换意见，最终各有意趣，互不勉强，1996年5月16日正式决定和平友好地分家。他们所有的资产，包括砚石和收藏的书画作品等都容易分割，唯有在北京就没舍得出让的对眉子石，两人都视为至爱珍宝。最后两人决定把它卖掉，8000元，买家如获至宝地抱走了。

这块对眉子石成了周小林的一个心病，他联想到自己10月大嗷嗷待哺时，"一张卖身契，高山抛玩石"，被生母以20块银圆卖掉。之后他多方打

图4-13 对眉子石正反面

听，2001年7月在上海多伦路一家店里终于找到它的下落，即令其次子周方和儿媳张海燕扮作游客，当即以9万元的价格购回。周小林视之为自己的生命，喜作《对眉子归来歌》："离别整六载，心魂相守印。人石终相聚，从此不离分。"整整120行的砚铭刻到此石的四周（图4—14），讲述此石怎么得到，怎么丢弃，又怎么失而复得。周小林想到一定要为此石精配一个盒，将三百砚斋的二楼腾出来，命名为"归砚斋"，存放此砚。

为了配这个盒，周小林找到甘而可。他说："而可，这块宝石，它应该有个安静的地方，我说你就它做一个大漆的盒子，那么这个盒子什么色彩都不能要，就黑推光，里面红，这样一下子颜色就跳出来！"

周小林把想法给甘而可说明之后，问得多少工钱。甘而可说："你给1万块钱吧。"这是周小林第一次与甘而可合作。周小林觉得1万块钱做个盒子，那是天价呀！但他说："行，就这么着！"他觉得甘而可在这方面有才华，在他刚起步的时候，需要人去支持，给他信心。

等盒子完成之后，大大出乎周小林的预料。甘而可非常用心，不仅木胎做得讲究到极致，而且用大漆在盒的上面四周堆了一个灯草边！用大漆

图4—14　对眉子石侧面刻《对眉子归来歌》

图4-15 刘新园先生题写的"归砚楼"

堆边不同于木料做边，难度极大。

　　周小林对这个盒赞赏有加，完全超出了他的设计水平。他说："这个边太难堆了，我没有要求他堆这个边。而可就是干这个事的，他就有这个手和心，一般堆着堆着不是高就是低了。他做过10年的木工，雕过砚台，懂石头，他给我大漆盒走一道黑边，你看一下这个鼓鼓的，你用手按下去像面包一样，有弹性一样。里面是朱红。他有情怀！"

　　甘而可觉得这块石头对周小林太重要了，周小林把重要宝贝给他做是

图4-16 周小林与甘而可

147

图4-17　甘而可为周小林的对眉子石配的大漆盒

对自己的信任，当然要把它做好。推光黑漆盒面一个气泡都没有，只要有一小点瑕疵，他就整个重磨一次，全部返工。

更让周小林惊奇的是，盒子做好之后，甘而可还制了一个砚铭："观此石，乃宋坑对眉子神品，赏心悦目，千年珍稀，送其歌，似一双情侣，如诉如慕，重逢别离。砚也秀美，歌也清丽。引我神思，撩我心旌。周公老林，嘱我配制歙州漆艺，让此珍宝，珠联璧合，相依相倚。奉上吾的毕生技艺，谱就这惊世传奇！而可恭制并铭。"他2002年开始做，2004年完成，用了一年多的时间。

通过这件作品，周小林认识到了甘而可的手工、文采和为人。"他不仅是一个手艺人，而是有文化、有修养的艺术家！"所以三百砚斋的砚大部分高端砚盒都要请甘而可制作。

三百砚斋在挂牌3年9个月之后，一分为二。几年之后，郑国庆的三百砚斋停业。三百砚斋的发展进入了第二个阶段。

撇开当时的社会背景，单就内因方面看，三百砚斋的第一个阶段所取得的成功显示出周小林的理念与郑国庆在歙砚界长期的积累相结合所引发出来的能量。但这远远不是周小林所要达到的目标，他的梦想是把歙砚推向更高的层次。

第二节 "三步走"实现跨越

一、集众家之长大展宏图

有了第一阶段打下的比较雄厚的基础，周小林继续执着地追逐他"止于至善"的梦想。他把"歙砚第一家"的目标细化为几个方面具体的行动。

首先是选第一流的石料。老坑石也分上中下等，并非都是上等料。周小林说，上等料价格自然高，但为了做到第一，他只选老坑料中最好的料。"我戒掉了烟、酒、麻将、牌，戒掉了旅游，最后连我们徽州出产的茶叶都戒了，生活得很清苦，就是为了把这些钱省下来去买石头。"遇到了好料，无论价钱多少，他都尽力把它买下来。

有了最好的料，接下来就是要有最好的设计。周小林说，他是演员和编导出身，对歙砚是地道的门外汉，既不能雕刻，也不会做砚盒，但自己的优势在设计上，他对这种黑石头有独特的理解，可以对歙石的自然条件做别出心裁的创意设计。当时一般的砚雕师文化程度都不高，大多按照从师傅那里学来的式样进行简单的设计。相比之下，周小林的优势就明显地显现出来。他说："我需要一批人来体现我的想法"。

图 4-18 三百砚斋的歙砚作品（一）

图 4-19 三百砚斋的歙砚作品（二）

　　周小林在选料上不计成本。每一块料，自己要反复琢磨，比如一块在水中上千年浸泡过的籽料，其石面上的眉纹、灵动飘逸的水波、石头自然造型、美妙的闪闪发光的珠皮，真的不亚于田璜、和田玉。蔡襄将它比作"肯换秦人十五城"的"和氏璧"，如果不把它做好，那就是在糟蹋材料。周小林发挥自己创意上的优势，设计追求或新颖，或简约，或奇巧，或拙朴，或充满诗情画意、别开生面。周小林说，做出来的东西一定要有徽州的特色，要有三百砚斋的特色，要让吴作人先生看到之后赞赏说："嗯！这不仅是文人书斋中一方实用的文具，而且是可以满足文人雅好的高雅艺术品！"

　　有了创意之后，要根据砚的题材，选定合适的雕刻师完成雕刻。他在

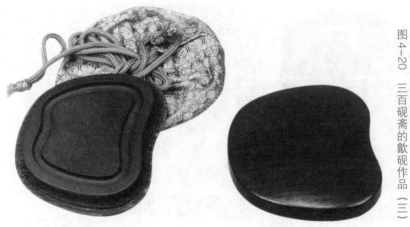

图 4-20 三百砚斋的歙砚作品（三）

选择砚雕师的时候，不是以名头论英雄，而要选有真功夫，又最适合于雕这块石头的人才。用他自己的话说，"不看名头看作品"，通过作品看刀法技艺、创意才华。他还特别在意雕刻艺术家的人品，因为"作品决定于人品"。人品不好的人总想着要偷工减料，随便雕雕就拿去骗钱，怎么可能有好作品！考察人品的方法是"不听传言看为人"，不是通过媒体上的宣传，而是看其为人，做事是否勤勤恳恳。当然，要想让人品、艺品俱佳的砚雕师来为自己创作，不能不舍得花钱。周小林说，他在工钱上从不吝啬，不能亏待艺术家。"你又要他创作出优秀作品，又不舍得给大价钱，那是不可能持久的。"

当时他们还没有现在这样的国大师、省大师名头，也没有这级别、那级别的代表性传承人称号。他们的收入都还不高。周小林开出的工钱明显高于市场价。他要求雕刻师必须照他的设计完成，不限时间，只求最佳结果。

与周小林合作过的砚雕师比较多，早期有方见尘、郑寒、甘而可、张硕、胡笛、潘小萌，后来有蔡永江、周新钰、王耀、朱岱等，还有他自己培养的胡淼、胡俊民、胡国山、方华等。这些砚雕师各有特点，周小林对他们的特长有自己的见解，做到心中有数。

周小林认为，方见尘在中国当代歙砚制作技艺发展史上是排名第一的功臣，领导歙砚艺术潮流数十年，不仅形成了自己独树一帜的风格，而且培养了一大批优秀的歙砚制作技艺传承人。郑寒、张硕、刘铭学、方韬、潘小萌等几代人都是他的传人或再传弟子。国大师、省大师、国家级和省级代表性传承人等，是当前歙砚业界的骨干。如果一块石头形态比较奇特，完全是自然造型，本身具有独特的审美价值，过多地雕刻，反而破坏了它本身的美。方见尘的创意构思奇特，追求简约不简单，有独特的视角，擅长驾驭这类石料，有时用简单的几根线条就可以完成创作，比较抽象，突出写意，自成一派。

郑寒是三百砚斋早期签约的砚雕师，是90年代初期新生代的代表人物之一。他在砚池制作中线条大气到位，在随形赋石上擅长使用自然纹理与俏色。在1996年5月周小林与郑国庆分手之前，郑寒即为三百砚斋代工制作过数方歙砚。在上海举办展览时，郑寒还被邀请以三百砚斋砚雕师的身

图4-21 方见尘的作品

图4-22 郑寒的黄山胜迹印痕砚

份去现场，回答客户提问并应客户需求现场刻字等，每天的报酬1000千元。

与郑国庆分手之后，周小林邀请郑寒加盟三百砚斋，但对外身份是签约砚雕师，每月固定工资6000元，到1998年5月结束。其间三百砚斋于1997年2月随黄山市组织的文化艺术交流代表团去新加坡、马来西亚交流，带去几十方小型歙砚，也受到当地收藏者的热捧。在新加坡一方砚可以卖到1000多新币，按当时汇率折合1万多元人民币。1997年11月，三百砚斋在深圳宝安区的图书馆举办一次歙砚精品展，带去的300件作品，除了砚石样品和特别的砚，又是销售一空。当时11~15寸大小的上等歙砚价格在一两万元。1997年李鹏总理作为国礼赠送给日本明仁天皇的黄山胜迹印痕砚就是郑寒用大谷运石料创作的作品，砚面上的书法是吴作人先生题写的（图4—22）。

1998年，周小林赴香港举办歙砚精品展，香港《天天日报》1998年7月20日以"歙砚——名流权贵收藏新宠"为题作了整版报道（图4—23）。报上图片展示的4款砚中除了黄山胜迹印痕砚，还有汉简砚、剑魂砚和掌上明珠砚。

这件汉简砚是青年砚雕师胡笛的作品。胡笛也是三百砚斋重要的合作者，1965年生，胡震龙之次子，自幼受父亲影响，学习木雕、砖雕和砚雕技艺。1986年8月胡笛应黟县县委县政府邀请，在黟县碧阳镇麻田街创办

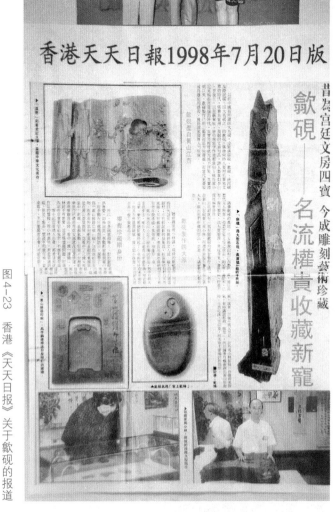

图 4-23　香港《天天日报》关于歙砚的报道

金星工艺厂，作为业务厂长以后专门从事砚雕。他是继郑寒之后三百砚斋签约的砚雕师，作品有戏珠砚、黄山烟云砚、秋韵砚等。据他回忆，在1997年，有一次他为三百砚斋制作了一方汉简砚，用上峰彩带石料，雕工5000元，后来在香港参加作品展时被高价收藏。三百砚斋每请胡笛加工一件作品，都要签一个协议。胡笛把砚石带到马鞍山，完成之后送过去，验收合格即付报酬。后来由于妹夫王祖伟在三百砚斋隔壁开了砚店，胡笛就不再为三百砚斋制砚。

张硕，1966年出生，与郑寒一样都是方见尘的弟子。他在佛教题材方面创作能力比较突出，雕达摩、菩萨，简练几刀就可以勾勒出生动的造

图4-24　三百砚斋的歙砚作品（四）

型，既有其师傅方见尘的风格，又有自己的特点。他的绘画功底也很扎实，所以造像能力比较强。据他回忆，他在1993、1994年帮三百砚斋雕过很多砚。当时雕一方砚工钱在数百元到一千元不等。

胡淼（1972年出生，歙县璜田乡人）1996年5月与郑寒一起到三百砚斋，之前在歙县歙砚工艺厂学习砚雕技艺，与师兄方韶一道，受业于启蒙师傅姜立力。周小林称其特长在浅浮雕和深巧刻方面，擅长工笔花鸟。三百砚斋的很多砚都出自胡淼之手。

图4-25　张硕的达摩砚

　　三百砚斋2020年初有内部专业砚雕师6人，其余5人中有3位是胡淼的徒弟：其侄胡国山、胡国章，擅长工笔薄艺；外甥胡俊民主攻素砚；方韶的徒弟方华，其特点稍偏抽象，有其师爷方见尘的影子；另一位是胡国章的徒弟鲍小欢。现在他们的工作室在江南新城。

　　潘小萌（女，1968年生）与三百砚斋有近20年的合作，擅长人物雕刻，常见的创作题材有观音菩萨、仕女、徽州女人等。有时周小林请其他

图4-26 胡淼的豆荚砚

砚雕师雕刻的作品中涉及人物部分经常请她来处理，特别是开脸部位。她有绘画功底，雕人物有很好的基础。同时，作为女性雕刻师，她能平心静气，专心致志，而且亲手操作，没有徒弟代劳。

潘小萌与三百砚斋的合作在1994—1995年以代工为主，后来虽然也是合作关系，但从1996年起潘小萌基本上专门为周小林制作，不用签协议。周小林有一个合适的石料时，会打电话邀请潘小萌去，把砚石交给潘小萌时有一个基本的设计框架和思路。有时潘小萌也会感到为难，认为对方的设计与自己的想法不一致，以服从对方的设计为主，偶尔也会说服对方。除了特别的石料先讲价格，绝大部分都是在完成之后，周小

图4-27 胡国山的簸箕砚

155

图4-28 潘小萌的背篓情砚

图4-29 蔡永江的高山流水砚

林根据作品的各方面因素定价。潘小萌一般不讲价格。她为三百砚斋制作的歙砚数量大，市场反应很好。三百砚斋出货快，可以长期合作，所以潘小萌十分用心，一直与周小林合作得很密切，保持亦师亦友的关系。一直到2013年，她在黎阳街有了自己的工作室，开始自己经营。

比上述几位稍晚一些与三百砚斋合作者中，蔡永江最具代表性。周小林说，如果一块石料适合制作山水、人物内容和具有古意的文人砚，拟采用精工薄艺手法，细致入微地刻画，包括书法雕刻、题款等内容，那么蔡永江是最擅长的。他很全面，周小林认为，就薄艺山水书法题材而言，目前不仅在徽州歙砚界六七十年代出生的这一代中无人可与之匹敌，就是放在全国各大名砚制作的传承人中，蔡永江也是绝无仅有者。周小林说："人家画家按平尺计价，他现在按英寸计价。"此外，自从《歙之国宝》出版之后，蔡永江等人的作品对于歙县、婺源等地，尤其是年轻一代雕刻师们具有重要的启示，也改变了他们的雕刻风格。

蔡永江的妻子周新钰，长期

受其影响，作品既有蔡永江的风格，又有女性艺术家独特的柔和、妩媚的韵味，逐渐形成自己的特色。图4－30为周新钰为三百砚斋创作的作品。

图4－30　周新钰的流香砚

朱岱与其师傅王耀一样，专攻文人素工砚，是俗称仿古砚制作方面的代表。朱岱曾经在2007年前后为三百砚斋做过4方砚。图4－31的仿宋一字池砚即是其中之一件。

以上所提到的这些只是与三百砚斋合作过的部分砚雕师。通过与他们的合作，三百砚斋可以说是集歙砚界雕刻人才之长，形成超越所有个体的总体效果，推出的款款歙砚均令人赏心悦目。

让你看一方满雕，你会感到惊讶；看一方素雕，如此简约高雅；看一方山水，美妙绝伦；看一件花鸟，赏心悦目；看书法中规中矩。这样一来，每一件都是精品力作！反过来说，如

图4－31　朱岱的仿宋一字池砚

果不能做到知己知彼，让擅长雕花鸟的去雕人物、擅长雕人物的去雕山水，就会把材料糟蹋掉、浪费掉了。

老坑的砚料是有限资源，不能浪费。现在的价格高，一般的雕刻者不太可能随便去动刀，也是有利于保护资源。现在老坑封起来不许开采了，过去20年主要是从河里淘籽料。那时候，周小林天天收购籽料，保存了一大批优质的石料。三百砚斋储存的材料，不仅周小林有生之年用不完，只要不浪费，足够两三代人用的。周小林对每一块石头都精心设计，不轻易用掉。

最后一个环节是包装。当时歙砚的包装问题是一个大问题，或者说不讲究包装，能用一个香樟木做的盒子那就算好的了，搞点清漆擦一擦。图4—32即是市场上常见的砚与盒的款式。这种普通的盒到了北方会变形开裂。歙砚与端砚精致的包装相比有很显著的差距，所以当时价格差距也非常大。周小林看准了这方面的不足，下足了功夫要实现超越。

我们的黑黝黝的石头，黑得发亮的石头，我称之为黑宝石。我们为什么不能像包装和田玉那样去包装它？你买一个上等的和田玉，或者你买一个结婚的钻戒，打开一看是用一个塑料盒包装，可以吗？用现代材料包装，就把这个黑石头给糟践了！我在考虑歙砚的包装问题。徽州的大漆得天独厚，甘而可做得这么好，应当用来做高端砚盒。

周小林请刘齐武做高端木艺，并率先为他的砚选配极具徽州特色的菠萝漆盒，请漆艺大师甘而可为他作大漆砚盒，为端砚界所望尘莫及。图4—32为市场上常见的砚盒，图4—33、图4—34是三百砚斋使用的砚盒。

图4—32　市场上常见的砚盒

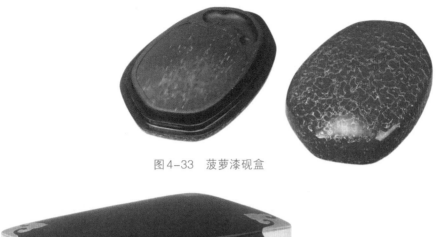

图 4-33 菠萝漆砚盒

图 4-34 推光漆砚合

材料、设计、雕刻、包装 4 个方面都达到了一流，最后推出的作品自然是"歙砚第一"，并在此过程中培养了砚雕家、木艺家、漆艺家。后来形成了三百砚斋的一种传统、一种文化，就是由四五个人组成一个班子，共同完成一件作品。

二、创制传世力作

这样的团队必然能创制一流的作品，第一件就是兰亭砚。兰亭题材很早就已经出现，澄泥砚、端砚、洮河砚等其他名砚都有兰亭，就是歙砚没有，所谓"古歙无兰亭"。究其原因，周小林推测说，兰亭是满工，六面都要雕，而歙砚的硬度较高，雕起来费工，尤其是砚石是沉积层，歙砚的侧面最难雕，加上古时的工具也不够好，所以砚雕师不愿意做这种题材的歙砚。

然而，兰亭题材极具美感的诗情画意，又是歙石最适合表现的。兰亭有"曲水流觞"，要有水，要有云，要有离不开水的荷叶和小鹅，只有歙石有水波纹、有雁湖眉等各种纹饰，可以最大限度地满足这些需求。周小林说，单有雕工没有自然纹理本身就有的意境，就不是最有艺术价值的兰亭，而在这方面歙砚占有绝对优势，所以必须做歙砚兰亭，填补这一缺憾和空白。周小林要做歙砚兰亭，而且要做就做最好的！

他选了一块长48.5厘米的绝佳长方体宋眉砚料，这在歙砚制作史上算得上是一种全新尝试。这么大的一块料，六面满雕，单是四周拉起来就接近2米长，画面中出现了40多个人物，有荷池和曲水流觞，还有一书法长篇《兰亭集序》。用田黄雕和玉雕中采用的"薄艺雕刻"的技法，不仅为了使画面具有文人气息，而且可以解决前面所说的问题。选好了这块石料，确定了方案之后，就要考虑请谁来雕的问题，要在当代优秀的歙砚雕刻艺术家中选择具有"薄艺雕刻"经验，同时具有较高的中国人物山水画和书法艺术造诣的人来完成这项任务。也就是说，要有田黄雕刻经验的砚雕师才能胜任这项工作。周小林想到可以到国内其他地方去找这样的砚雕师。他查阅了端砚、洮河砚、鲁砚等砚种的砚谱，甚至还去广东肇庆实地考察，在端砚制作大师级人物中去寻找这样的砚雕家，结果都没有找到。最后，他还是在本地找到了一位刚满40岁的歙砚制作新生代蔡永江。

周小林说，他之所以选定蔡永江，是因为蔡永江已经具有20余年的歙砚雕刻经验，具有很扎实的基本功。他擅长书法绘画，雕兰亭集序砚时，

图4-35　蔡永江雕的山水画作

图4-36　蔡永江雕的田黄作品

图4-37　兰亭砚的砚背

图4-38 蔡永江工作照

图4-39 兰亭砚局部

就是把唐代冯承素的摹本放在跟前，直接用刻刀在砚上临摹完成！除了具有娴熟的歙砚刻制技巧外，最让人看重的是他有一颗安静的心，能静下来，不焦躁。他能静下来，一天只完成像一元硬币大小的这么一点，只要是感觉到疲劳就停下来休息，心情有些烦躁了也停下休息，只有在最佳状态下才动刀工作，真正能做到一丝不苟。

蔡永江领下这项任务后，整整用一年的时间完成雕刻工作。他当时才40岁，是很合适的年龄段。这样的工作，对于五六十岁的人来说不合适做，因为眼睛老花了雕不出这么精细的薄艺；对于二三十岁的人也不合适，因为积淀不够，又没有那种感觉和功力。

这第一方兰亭砚是蔡永江的成名作，也是周小林与他创作的开始。蔡永江接着复制了一方兰亭歙砚，被故宫博物院收藏。这是故宫博物院收藏的从乾隆年间以来的第一方歙砚。

为这方砚配盒，周小林选择了业界最具代表性的刘年宝木艺和甘而可

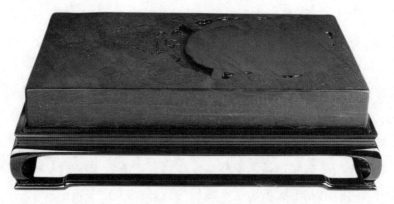

图4-40　放在底座上的兰亭歙砚（刘年宝木艺）

漆艺。整个工作没有用一个徽州之外的人。

　　刘年宝要用小叶紫檀制作底座，同时用金丝楠木做盒盖，把形态做好之后，交给甘而可做漆。甘而可要把这100多斤重的砚抱回家，做一下要修一下，摆进去试试高低、大小，既不能大，也不能小，非常精细。然后用金集王羲之的字，不用当代书法家的字。

　　又过了2年，砚盒完成。这样，前后共3年时间，第一方歙砚兰亭横空出世，填补了砚史上的一项空白！这方砚长48.5厘米，宽28.5厘米，高7.5厘米，比古代任何其他砚种的兰亭砚都要大。周小林说："要么不做，

图4-41　甘而可为兰亭砚配盒

图4-42　甘而可为兰亭砚配菠萝漆盒

图4-43　刘年宝配制的天地盖式砚盒

要做就前无古人，就把它做绝了，这就产生了！而且曲水流觞，茂林修竹，群贤毕至，整个意境都完美地表现出来了！"

利用这种团队合作的模式，三百斋砚创作了一件又一件精品歙砚。第二件这样大的作品是蓬莱砚，长43厘米，宽24厘米，厚10厘米，精配老黄花梨镶紫檀天地盖，木艺简精，堪比明工。

第三件精品是五百罗汉砚。原石为芙蓉溪老坑阔眉纹，成品长50厘米，宽32厘米，高9厘米。周小林创意监制，蔡永江雕刻，刘年宝木艺，甘而可漆艺，另有张春彬拓谱，徐卫新作砚铭，柯振海书法。这也是他们各自重要的代表作之一。

这3件作品配盒有所不同，海南花梨、小叶紫檀，髹漆技艺中用到戗金、犀皮漆等，均为具有代表性的工艺，也都被故宫博物院收藏。

图4-44　五百罗汉砚顶部和底部拓片

　　这件作品的创作让周小林找到了实现吴作人先生提出的"歙砚第一家"目标的途径：做歙砚艺术必须集中各方面一流的艺术家，保持安静的创作状态，克服浮躁，沉下心来，不惜时间成本，才能创作出真正一流的作品。

图4-45　周小林把3方宝砚藏在归砚楼中

周小林做这3方砚，并不带有商业目的，而是在完成一个目标，实现自己的理想。他说，3年做1方砚，如果算钱的话能卖多少钱?! 而且这些材料不可再得，不可能靠这个来挣钱!

之后，周小林与蔡永江、甘而可、刘年宝等合作，用这种方法创作了一批一流的歙砚作品。这些作品市场价值很高，但周小林不舍得出让，绝大多数收藏在三百砚斋中。经过10余年的积累，三百砚斋的收藏使之成为名副其实的"歙砚第一家"。

周小林2008年在《歙之国宝》后记中写道：

> 在研制过程中，我发现，这与我以前从事的导演职业似乎仍有着某种相近，它仍然是在一个完整的艺术构思下，组织各部门杰出的艺术家去创造，完成精美艺术品的系统工程。三百砚斋首先所要做的，就是把原本个体的、手工作坊式的制作，变为一群艺术家的集体创作。让我惊喜的是，以前的专业知识、人生阅历及生活积累都派上了用场，我仍然是在领导、调动着众多的艺术家各司其职。他们是在有序地、自觉地创作一款款歙砚精品，展现当代歙砚艺术金声玉德的内涵与美轮美奂的视觉。

三、以砚文化做徽文化

周小林是个文化人，爱歙砚，更爱歙砚所承载的徽文化。笔者在与周小林的访谈中越来越强烈地感受到这一点。如果说在第二个阶段周小林集众人之长将歙砚技艺推到一个前所未有的极致，那么三百砚斋发展的第三个阶段就是从砚文化的角度做徽文化。

周小林独具慧眼，可以举出很多例证。一个传为佳话的例子，就是三百砚斋收藏了另一件（组）传世之作，即甘而可的成名作——乾隆仿古六砚。周小林慧眼识才，恰逢甘而可的漆艺开始发力。甘而可做出一流作品的时候还没有出名，周小林独具慧眼，尤其是通过做对眉子石盒的经历，更加认识到甘而可漆器的艺术高度和价值。他知道请甘而可为自己的砚配盒，可以成数倍地提高砚的价值。

2001年开始甘而可制作了一套漆砂砚——以《西清砚谱》上6方砚的图谱为蓝本，加入自己的一些创意略作改动，使之变得更加实用、更加合理，称乾隆仿古六砚。他做这6方漆砂砚，从第一方开始每件作品都要达到极品的要求，6方漆砂砚加配6个砚盒，花了整整2年时间。

甘而可制作这6方砚，比乾隆仿古六砚石质砚更漂亮，因为更加艺术化、更加古拙。他认为砚必须具有砚的规制和特点，必须能够使用，而且其造型要符合唐宋那个时代砚的造型特点，线条也必须规矩。做每一方他都煞费苦心。其中有一方玉兔朝圆砚，他在做的时候进行了特别的构思。原来的玉兔朝圆是雕刻的，把玉兔凸起了。现在是用漆做，完全可以在石纹上做一个斑纹，就好像石头的天然斑纹一样，这样更有意思。另一方仿端砚，连端砚的青花、火捺、鱼脑冻那种石纹都表达出来了，而且能够发墨，可以用。那方汉瓦砚，盒子上面刻了一个瓦当，属于雕填工艺。

图4-46　玉兔朝圆砚

差不多完工的时候，甘而可在电话中请周小林有空来看看。甘而可1990年起在老街上开一个文房四宝店，起名叫集雅斋，与三百砚斋不远，两人经常交流。2000年起，甘而可决定集中精力做漆器，所以大部分时间在工作室工作，有作品完成时会邀请周小林来看看。

这次请周小林来是让他看这6方漆砂砚。周小林说："这个东西我第一次见。石头的砚我见得多，木头做砚、漆砂砚听过，没见过。没想到这么好看！"周小林有个习惯，看东西不讲话，只是站在那儿不动就说明看中了、上心了。他马上追问这6块砚是给谁做的、付钱了没有、订了协议没有。甘而可说，台湾一个陈老板订的，没有付钱，也没有协议，只是口头约定，价格是8万元。周小林心想，这是甘而可的处女作，也就是说他当时还没有什么名气，这东西就是木头加油漆，又不是珠宝玉器，漆能值多少钱呢，剩下的就是功夫了。8万元的价格还是比较高的。

少钱呢，剩下的就是功夫了。8万元的价格还是比较高的。

但是周小林几乎不假思索地说："我要。我出9万！这件作品不要流到台湾！"他与甘而可夫妻商量说，这是甘而可的处女作，他是在拼命地倾注全部心思在上面，没有外界干扰他，今后他再做也不一定是这个状态了。作品留在三百砚斋，就等于留在甘而可的身边，什么时候想看就借过去看。为了表达诚意，周小林说："他出8万，我9万；他9万，我10万；他10万，我11万。我始终高他1万。你我友谊20年，你们才认识几天；我出的酬金又高于他，你们没有理由不给我！"其实，周小林在当时拿出9万元也是倾其所有了。甘而可夫妇被周小林的真诚所打动，商量之后回答说："宝剑赠英雄，此砚归你！"

就这样这6方漆砂砚留在了徽州，留在归砚楼。今天回过头来看这6方漆砂砚、6个漆盒砚盒，再加外面1个大盒，件件都是精品，一丝不苟，可谓甘而可的巅峰之作，当然也是他的代表作。

几年后的一天，甘而可找到周小林，说："周老师，我能不能100万把它收回来？"周小林说："别人出过500万，我要是舍得出让，早就拿走了！但是我理都不理他，老头要这么多钱干什么！它是我们徽州的东西！"

周小林在《歙之国宝》一书中不惜笔墨重点介绍这6款砚，可见他对这组宝贝的感情。他说，把它留下来了，对甘而可也是非常重要的。"我永远保持对甘而可的尊重，只要他来，他喜欢看，他带朋友来看，随时都可以看！他带出去展览随时可以拿走！"后来，甘而可借这组作品去国家博物馆、故宫博物院参加展览，在评国家级工艺美术大师、国家级非遗传承人时也是代表作。

周小林说，甘而可是徽州出来的人才，他成名自己很快乐。几年后，周小林给甘而可提出一个要求，漆砂砚中有两块都是黑颜色的，雷同，希望甘而可用最新的工艺重做，使之色彩缤纷、完美无缺！甘而可爽快地答应了。周小林说，这等于推倒重来，自己按价付酬！甘而可说："分文不取！"一年后这2方砚做好了。现在看到的这组漆砂砚是最新的（图4—47）。

2方砚重做之后，周小林希望再制作一个大盒，将这6方砚装在一个盒

图4-47　甘而可的乾隆仿古六砚

里。这个盒怎么做，周小林邀请几位到归砚楼一起商讨。参加讨论的还有一位重要的人物，就是来自北京的著名中国传统文化学者孙皖平。周小林认为，在黑色的推光漆表面最好有一朵兰花和一块石头，请孙皖平老师绘画。经过讨论，大家认为不能像清代陆葵生漆砂砚盒那样用宝石镶嵌，要用大漆堆出来。

　　这么大的盒子，盖上去严丝合缝，轻轻地自动落下；打开时感觉里面有股气吸住了。

　　中国是最早使用髹器的国家，大漆文化源远流长。徽州髹漆技艺在全国有重要地位，尤其在明代影响很大。但是，清末以后，中国的漆艺走向衰落，在很多方面都被日本超越。做大漆过去扬州最好。徽州的漆艺在中

图4-48　新创作的砚盒上采用莳绘工艺制作的兰花

华人民共和国成立后有所恢复和发展，但总体上落后于扬州、北京等地。然而，21世纪以来徽州髹漆技艺突飞猛进，不断取得突破，在国内处于领先地位，在菠萝漆制作等方面还超过日本，为全球同行所瞩目。这6方漆砂砚，包括砚盒，是甘而可的代表作之一。唐明修等多位漆艺专家都评价这6方漆砂砚是中国漆砂砚的一个高峰，是卢葵生漆砂砚之后的另一个新的高峰。它所代表的髹漆技艺水平他人望尘莫及，扬州做不出来，日本也做不出来。

追求完美的周小林与止于至善的甘而可相遇，他们创作一件作品，首先考虑的不是钱，而是如何把它做到极致、完美。虽说天下没有完美的事，但也要以追求完美的态度要求自己，以最虔诚的铁杵磨成针的态度来对待艺术作品，所以做出来的东西不一样！

乾隆仿古六砚包括6个砚盒和1个大盒，所采用的髹漆技艺相当全面，有推光漆的工艺、犀皮漆的工艺、漆砂砚的工艺、雕填的工艺，大盒面上的兰花采用的工艺中国古代称隐起，日本称之为莳绘。除了剔红之外，各种工艺差不多都有，可谓集漆艺之大成。

甘而可是个极有工艺天赋和工匠精神的手工艺者，周小林评价他："徽州百年难得一遇髹漆奇才。其漆艺之精湛、其梦境之瑰丽、其精神之浪漫、其人品之醇厚，难有出其右者，堪称德艺双馨！"

周小林对徽文化有自己的理解，他主张不要动辄炫耀我们祖先怎么怎么样，或者我们的徽派建筑怎么好，要创作新的属于徽州的东西，让别人一看就赞不绝口！

在艺术创作实践中，周小林结合歙砚的发展形成了自己对于文化传承与发展的见解。他认为，歙砚制作仅仅重复古人的东西不行，必须创新，但又必须在古人的基础上。如果不重视继承，一味地"创新"，那就脱离了文化本身。现在有人雕的歙砚根本不是歙砚，不是砚，而是石雕。所以创新一定是在传统的基础上，不断地突破局限，不断地攀登高峰，追求完美。例如，对砚的背面、侧面等从正面看不到的地方及细微处，都要用心去处理。做盒也是这样，每一道工序，都不能含糊，包括里层的被下一道工序盖住的部分。这就是现在提倡的工匠精神。

周小林十分珍爱每一件自己认为是最能代表徽州文化水准的作品，从

图4-49　三砚提盒

砚到砚盒，凡是自己心爱的作品都不愿意出让，一直珍藏在归砚楼。可以说，他一直把歙砚所代表的徽州文化建设当作自己毕生追求的事业来做，一直初心不改，所以才能取得超出其他人的成就。经过多年的辛勤努力，周小林的追求卓越的理想终于变为现实。三百砚斋的知名度不断提升，不仅吸引了无数的游客，还陆续接待很多重要的人物，包括国家领导人和社会各界名流。

在20余年里，周小林与他的合作伙伴们一道，创造了一个又一个传奇，为歙砚的当代发展留下了一段段浓墨重彩的篇章。2001年夏，江泽民总书记视察安徽时到过三百砚斋，他听了周小林的介绍之后说：如此灿烂的文化，如此博大精深的文化，一定要世世代代、子子孙孙传下去，让它永远立于世界文化之林。

著名红学家冯其庸先生看了三百砚斋的砚之后，赞叹曰："人到黄龙已是仙，劝君饱喝黄龙泉。我生到此应知福，李杜苏黄让我先！"

只要省、市政府确定作为一类接待，都会安排来归砚楼看歙砚。他们经常提到的问题是：歙砚为什么能做到这样？周小林回答说：如果用两个字来概括徽州的艺术家，就是"讲究"，也可以叫"迂拙"。现在社会上普

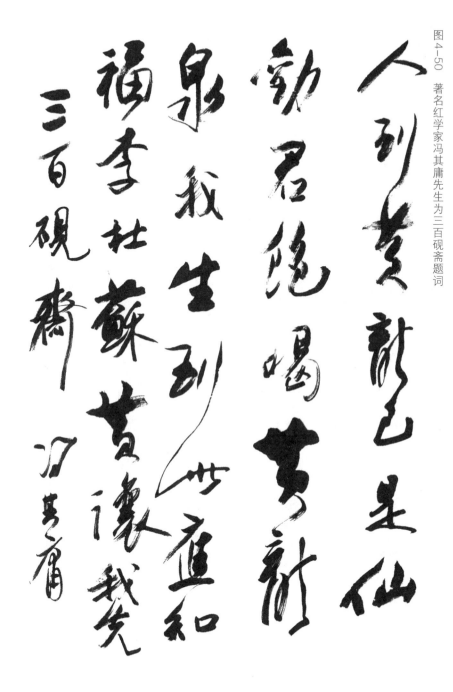

图4-50 著名红学家冯其庸先生为三百砚斋题词

遍缺乏这个"迂"和"拙"！太聪明，太灵活，太容易变化！总想着用很短时间谋取很高的利益。人们被市场牵着鼻子走，怎么能创作出一流的作品?!只有真正的艺术才具有永恒魅力，才能打动人心。

三百砚斋的发展历程，也是整个歙砚制作业在这个阶段蓬勃发展的一

173

个窗口。三百砚斋是当代歙砚发展史上具有里程碑意义的传奇，这个传奇仍在继续。

甘而可这样评价周小林对歙砚的贡献：一是知名度，二是价格做上去了，三是比较早的在包装上下功夫。

三百砚斋通过在北京、上海等地办展览等途径，使歙砚的知名度大大提升，尤其是在文化界名流中推广的力度很大。通过吴作人等人的推荐，三百砚斋的歙砚也得到文人的认可。周小林把歙砚带向精制的路，他愿意下大本钱，选最好的料，请最好的师傅雕刻，而且为了雕得用心，出价明显高于市场价。比如通常是100元的，他会给150～200元。因此，普通的砚，三百砚斋的也比其他店要好得多，名气越来越大，价格自然也高得多，市场认可度越来越高。把价格做上去，走向高端，也是三百砚斋对歙砚的贡献。现在工艺厂做的砚好的也配漆盒，用推光漆，用木料做盒，裱上一层纸，再披上灰，然后做推光漆。

周小林深深地知道，三百砚斋之所以能够取得辉煌的成绩，从根本上还是得益于千年徽州的文化积淀。所以当有人建议周小林把三百砚斋带到外地甚至国外去发展时，周小林付之一笑。他说，离开徽州老街，三百砚斋会消亡。

按照联合国教科文组织的定义，非物质文化遗产指被"视为其文化遗产组成部分的各种社会实践、观念表述、表现形式、知识、技能以及相关的工具、实物、手工艺品和文化场所"。从非物质文化遗产保护的角度看，对歙砚制作技艺的完整认识，不仅包括其制作工艺，而且包括其所使用的原料、工具、作品以及赖以存在的自然环境和社会环境。歙砚制作技艺的核心内涵包括石品原料与制作工艺2个方面。

第五章 歙砚的石品与制作工艺

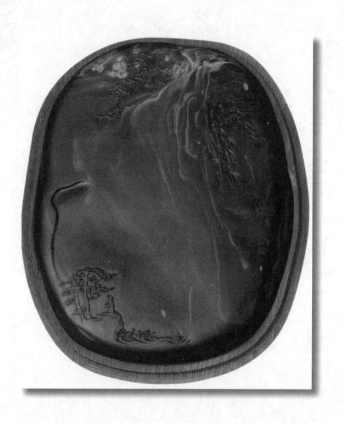

第一节　歙砚的石品

歙砚成为名砚，离不开巧夺天工的雕琢艺术，但是不能不说那具有奇特品质的石料也起到相当重要的基础性作用。自古以来，制作歙砚所用的石料就不仅限于龙尾石，歙县、祁门等地也有。如"祁门县出细罗纹石，酷似泥浆石，亦有罗纹，但石理稍慢，不甚坚，色淡，易干耳。此石甚能乱真，人多以为婺源泥浆石，当须精辨之也"。另有"歙县出刷丝砚，甚好，但纹理太分明，无罗纹间有白路白点者是"。《江西通志》卷十一中还有"沙溪岭在玉山县北五十里，与怀玉山相连，出砚石，盖歙砚之佳者"的记载，表明至迟在明代歙砚制作者使用的石料范围就已经扩大到徽州一府六县范围之外的地域。当代歙砚制作使用的石料除龙尾石外，还有大畈石、龙潭石、岔口石（紫云石）、庙前青、黟县青、流口石、祁门石等古徽州境内出产的石料，以及星子石、玉山石等徽州以外出产的石料。不过，从迄今为止人们普遍的认识看，无论从品质、观赏度，还是多样性角度看，歙石中最具代表性的还是龙尾石。

古人早就关注歙石的石品，有很多精辟的论述。如宋代学者胡仔（1110—1170，绩溪人）在《苕溪渔隐丛话》中称："新安龙尾石，性皆润泽，色俱苍黑，缜密可以敌玉，滑腻而能起墨，以之为砚，故世所珍也。石虽多种，惟罗纹者、眉子者、刷丝者最佳。"其言虽简，对龙尾石的重要品质都有所描述，如性"润泽"，即现在常说的"温润"。色"苍黑"，是龙尾石的主色调，与端、洮、红丝等均有显著差异。结构"缜密"，即苏东坡所谓的"玉质"，与端石比密度和硬度都较大。"滑腻而能起墨"则至为关键，"滑腻"是指石质细腻，摸之如幼儿的皮肤，如图5-1所示，用手抚摸一下即留下印迹；"起墨"则是指下墨快，细腻又下墨就是歙砚所具有的"发墨如油"的功能。后一句首先指出龙尾石有"多种"，即品种很多；又举了"罗纹""眉子"和"刷丝"等例子，认为是其中最佳者，虽未必全面准确，却表明当时人们也是从石料的表面纹理来认识龙尾石特征和进行分类的。

图5-1　歙石手摸留印

《歙砚说》对龙尾石特性也有很精准的介绍。首先是温润，称"龙尾石多产于水中，故极温润"。接着是致密，称其"性本坚密，扣之，其声清越婉若玉振，与他石不同"。再称其色调，称"色多苍黑，亦有青碧者"。还提到由于"采人日增，石亦渐少"，就在坑周边寻找，结果"有得之岩崖中者，色白而燥，殊不入用"。前后对比，即指出水料和山料之分别，前者出于水坑，较湿润；后者则较干枯。后面介绍其纹理："眉子色青，或紫短者、簇者，如卧蚕，而犀纹立理，长者、阔者，如虎纹，而松纹从理。"特别提到"其曰雁湖攒与对眉子最为精绝"。罗列的眉子石"凡九品：雁湖眉子、对眉子、金星眉子、绿豆眉子、锦蹙眉子、短眉子、长眉子、簇眉子、阔眉子"。《歙砚说》提及除上述的一些品种外，还有"鳝肚眉子、金花眉子"。

宋朱长文的《墨池编》卷六介绍歙州婺源县龙尾石时称，"其石最为多种，性皆坚密，叩之有声，苍黑者佳，而色之浅深盖不一焉"。首先说，龙尾石品种很多，都十分紧密，叩之有声，色泽深浅不一，但以苍黑色为主，品质亦最佳。接着谈其纹理，"其理或如罗纹，或如竹根之横文。又有金点如星布列其上"，点到了罗纹、眉纹和金星。后文也谈到金晕"有金文回环成月晕者，有石文团转"。然后说，"其最可尚者，每用墨讫，以水涤之，泮然尽去，不复留渍于其间，是足过于端石矣"。这是歙砚非常重要的品质，就是用后容易清洗，不残留墨渍。

经过近60年的发展，当代人对于歙石石品的认知完全可以说达到了历史的高度。从市场反应看，由于当代歙砚在功能选择上，审美功能所占比重越来越大于实用功能，相应的在歙砚价值的评定中审美价值所占比重就相当大，尤其是对于收藏级的歙砚作品而言，石料的品质对于一方砚的价值具有重要的影响，但要准确地评定一方歙砚的价值，就必须掌握石品的相关知识。当代研究者中有不少关注歙砚石品者，如周俊出有专著《中国歙砚砚石研究》，凌红军、王宏俊在其合著《歙砚新考》中专辟一章讲述等。以下结合实例重点介绍几个最具代表性的石品类别。

一、眉纹

眉纹亦称眉子，因形如人眉而得名。质地好的眉纹石质地坚润，具有很强的折光性，在浅黑或灰白底色的映衬下，呈现出黑色的条状。转换角度看，黑色的眉纹可能会明显变淡，甚至变为灰白色，同时底色变为黑色。眉纹的成分是碳，不同的条件下形成的眉纹自然也各不相同。歙石的眉纹因长短、粗细、疏密、曲直、聚散、形状的变化以及与其他纹理相伴而生等不同，分为很多品种。所谓的长眉纹（眉子长而差大）、短眉纹（眉子密短而匀）、粗眉纹、细眉纹等都是人们通过比较进行划分的。严格意义上说，每一块石料上的每一道眉纹都是独特的，分类只能是粗略的，常见的或典型的类型比较容易界定，进一步细分往往非常困难。图5-2中一块不大的砚石上就分布着多种眉纹。

图5-2　有粗眉纹、细眉纹、长眉纹、短眉纹的眉子石

眉纹石受到追捧，不仅在于千变万化的眉纹的审美效果，更在于眉纹石多坚细温润，是兼具实用与审美价值的佳石。清人徐毅在《歙砚辑考》中称："歙石以眉子为绝，而眉子品目不一，要以石色青碧、石质莹润而纹理匀净者为精绝。"就是说，眉子石在歙石中属于上等佳品，其中又以石色青碧、石质莹润而且纹理匀净者为上上品。图5-3所示为老坑眉纹砚

图5-3 龙尾山眉子石

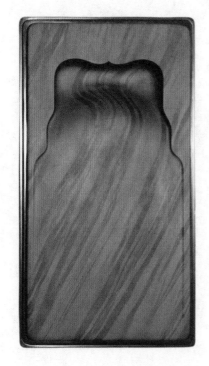

图5-4 眉纹歙砚

料，砚体通透眉纹，上方还有很标准的对眉，中间有一片雁湖眉。此外，面上一层珍珠色为籽料的显著特征。

苏轼作《眉子石砚歌》云："君不见成都画手开十眉，横云却月争新奇。游人指点小颦处，中有渔阳胡马嘶。又不见王孙青琐横双碧，肠断浮空远山色。书生性命何足论，坐费千金买消渴。迩来丧乱愁天宫，谪向君家书砚中。小窗虚幌相妩媚，令君晓梦生春红。毗耶居士谈空处，结习已空花不住。试教天女为磨铅，千偈澜翻无一语。"

图5-4所示即一方非常典型的龙尾石眉纹歙砚，砚体遍布长眉纹，而且眉纹层很深，透过背面，十分难得。

苏轼有一次用自己的一枚宝剑向张近几仲换他的龙尾子石砚，并作诗记述："我家铜剑如赤蛇，君家石砚苍璧椭而洼。君持我剑向何许，大明宫里玉佩鸣冲牙。我得君砚亦安用，雪堂窗下尔雅笺虫虾。二物与人初不异，飘落高下随风花。蒯缑玉具皆外物，视草草玄无等差。君不见秦赵城易璧，指图睨柱相矜夸。又不见二生姜换马，骄鸣啜泣思其家。不如无情两相与，永以为好譬之桃李与琼华。"他自已解释说，"仆少时好书画笔砚之类，如好声色，壮大渐知自笑，至老无复此病。昨日见张君卯石砚，辄复萌此意，卒以剑易之。既得之亦复何益，乃知习气难尽除也"。可见苏轼对眉纹歙砚十分喜爱。

先说说《歙砚说》所谓"最为精绝"的对眉子和雁攒湖眉子。所谓对眉子是成双成对的眉纹，古人所谓"石纹如人画眉而细，遍地成对者"，如同人的一对对眉毛，在眉子石料中甚为罕见。本书第一章介绍过一款乾隆时期的歙砚，第四章介绍过三百砚斋藏砚楼收藏的一方对眉子石，均为对眉子石精品。图5-5所示一方砚板也是难得一见的对眉子石。其眉微微弯曲，恰似美人的秀眉，看上去十分清雅诱人。

雁攒湖眉子亦称雁湖眉纹，其纹理状如飞雁群集，看似群雁从一池湖水上飞起，为眉纹石之精品。《辨歙石说》描述之"砚心有纹，晕如汪池，四外眉子密密如群雁飞集之状"。雁攒湖眉子是龙尾石中首个以画面语言命名的品种，主要产于砚山眉子坑、水舷坑、水蕨坑，叶九坑、外庄坑也有。

图5-6和图5-7均为比较典型的雁攒湖眉子石。

据介绍，雁攒湖眉子的命名，是用中国绘画的语言，摹写歙石纹理画面，是宋代才出现的一种命名方法。

与之相似的命名还有许多，如虎斑眉纹就是由多条长短粗细不等的眉纹组成，状如老虎身上的斑纹。又如鳝肚眉纹是指石色黄中有黑点，

图5-5　老坑对眉子砚版

图5-6　雁攒湖眉子（一）

图5-7 雁攒湖眉子（二）

图5-8 鱼子底枣心眉纹砚

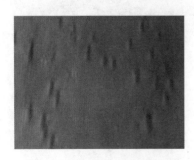

图5-9 水舷坑绿豆眉砚石

色如鳝鱼之腹肤，中杂有眉纹，多为线眉，呈紫黑色，排列均匀者。此外，纹理与鳝肚眉纹相同，石色青黑如泥鳅背者被称为鳅背眉纹，亦称鱼子眉纹。还有卧蚕眉纹、绿豆眉子、枣心眉纹、水波眉纹、水浪眉纹等。

图5-8所示为一块枣心眉纹石，中部有数道枣心眉纹，此种眉纹的特点是"两头尖细，中间稍粗且有斑，看似枣核者"。有的中间还是夹心，有的呈长椭圆状，其中以短小者为上品。最典型的枣核眉中间略粗，两端尖，整体看上去如同一枚枣核，故俗称枣心眉纹。在枣心眉纹的上方不远处有一道线眉（"细如线，长短不等，极富观赏性"），再上方贯穿左右的是一道细眉纹。

绿豆眉子"石理稍黑微暗而斑内有短密眉子纹"。图5-9所示为绿豆眉纹石，看似有一粒粒凸起的绿豆。

卧蚕眉纹，顾名思义其眉纹形似一床卧着的蚕。图5-10中的蚕形体大小都有，图5-11中的蚕则是刚出生不久的"蚕宝宝"。

很多眉子石都与其他类型的纹理并存，如间有金星者称金星眉子，"眉子疏匀而有金星间之"，又可细

分为金星长眉纹、金星短眉纹等；间
有金花者称金花眉子，"眉子石中有
金花金晕者"，同样可分为金花长眉
子和金花短眉子；间有金晕者称金晕
眉纹，又可细分为金晕长眉纹、金晕
短眉纹等。其中又有一种称锦蹙眉
子，"石纹横如眉子间有金晕"。所谓
锦蹙，即石晕如画云气间以金晕如蹙
锦然。还有鳝肚眉子"眉子疏而匀，
石纹如人字鳝肚纹间有金晕金星者"。

眉纹与罗纹混合在一起又可分出
多个品种，如水浪眉纹即为水波罗纹
与眉纹的混合石品，水舷坑所出为典
型。此外，如果眉纹的颜色为金、银
色，则称为金眉纹和白眉纹。前者为
金黄色眉纹，多伴有龟甲纹；后者为
白色眉纹，亦多伴有色甲纹。

图5-10　卧蚕眉纹（一）

图5-11　卧蚕眉纹（二）

二、罗纹

"罗"字本意是网，如成语"门可罗雀"。罗纹是指网状的花纹。《北
史·流求传》："其男子用鸟羽为冠……妇人以罗纹白布为帽，其形方正。"

罗纹歙石作为一个品种早在古代就有。《歙州砚谱》曰："罗纹山，亦
曰芙蓉溪，砚坑十余处，蔓延百余里，皆山前后。"又"罗纹里山坑，在
罗纹山后。李氏时发"。"里山罗纹金星疏慢，外山罗纹似细罗纹稍粗"。
又如《歙州说》曰："龙尾山亦名罗纹山，下名芙蓉溪，石坑最多。"

罗纹是所有龙尾石砚料中普遍具有的纹理，按其粗细等特征以及与其
他类型的纹理搭配的情况，可分为多个不同的品种。《歙砚说》称：大抵
石顽则光滑而磨墨不快石，粗则黏墨，而渗渍难涤。唯粗罗纹理不疏，细
罗纹石不嫩者为佳。几十二品：细罗纹、粗罗纹、暗细罗纹、松纹罗纹、
角浪罗纹、金星罗纹、刷丝罗纹、倒地罗纹、石心罗纹、卵石罗纹、泥浆

罗纹、算子罗纹。

《辨歙石说》对上述12种罗纹有进一步界定：

图5-12 细罗纹船式砚

图5-13 暗细罗纹砚

细罗纹，"石文如罗縠精细，其色青莹，其理紧密坚重，莹净无瑕璺，乃砚之奇材也"。就是说，石纹像轻薄纤细透亮的平纹丝织物一样精细，石色青莹，质地坚密无裂隙和瑕疵，是砚料之奇材。从砚的功能方面看，细罗纹石是龙尾石中最好的砚料，自古即受到推崇。宋代米芾《砚史》称："今人以细罗纹无星为上。"这种观念是符合科学原理的，因为细罗纹石发墨效果最佳。只是由于不具有美丽的纹理，不被一般消费者所看重。图5-12所示即一款细罗纹砚。

粗罗纹"似细罗纹而文理稍粗"。就是说，精罗纹与细罗纹差不多，只是文理稍粗。文献称，"粗罗纹理不疏，细罗纹石不嫩者佳"。

暗细罗纹，"罗纹虽细，晦而不露，纹理隐隐，石色微青黑"。图5-13即是一方暗细罗纹石歙砚。其特点顾名思义，有罗纹，但晦而不露，看不出来，若隐若现于呈微青色黑色的底色中，一般通过折光或者将砚石放在水中才能看见。

刷丝罗纹，"石纹精细缠密，如刷丝然"。此种罗纹状如刷丝，也就是说，无论刷丝是粗还是细，朝向较整齐一致，笔直而不能曲折。

图5-14为用水波坑金星罗纹石制作的荷叶螺蛳砚，随形，取辟雍砚式的

设计思路。砚堂略高于四周，与周边荷叶所掩映的空间形成砚池。荷叶有数点金星点缀，雕大小不同的3枚螺蛳半露水池中，叶另有数处残缺，起装饰效果。砚料为相当纯净的水波坑金星罗纹石。

宋高似孙撰《砚笺》4卷，其卷二著录了12种罗纹歙石，另说明对粗罗纹、乌钉、角浪、算子等4种品质较差的罗纹之品不录。

"瓜子罗纹，狭如瓜子"。这种罗纹以其表面纹型而得名，后文有进一步说明，称"罗纹若瓜子纹，最佳出水波坑，幸而得，不可期"，表明当时就认为瓜子罗纹是一种极其稀见之石品。东坡为孔毅父作龙尾研铭云："涩不留笔，滑不拒墨，瓜肤而縠理，金声而玉德。"郑亨仲《砚记》云："败墙下得一折足砚，纹如瓜子，殆是百年物。"

图5-14 水波坑金星罗纹砚

《歙砚说》中有"算子罗纹，纹若瓜子罗纹。然此最佳者也，出水波坑中，幸而得之，不可期。或取罗纹侧为之，甚能乱真"的记载。这里有涉及瓜子罗纹的两方面信息：一是说算子罗纹纹若瓜子罗纹，并且说其中最佳者出水波坑，能偶尔得遇就很幸运。二是说有人将侧边带有瓜子罗纹的石料说成是瓜子罗纹石，与真的瓜子罗纹难分真假。

歙砚制作名家朱岱收藏的一方宋代抄手歙砚，正面是细罗纹的石料，侧边是瓜子罗纹（图5-15）。笔者曾经对《歙砚说》中注"瓜子罗纹"称"比细罗纹尤细，狭如瓜子者"。和《辨砚石说》中"瓜子罗纹，比细罗纹尤细，狭如瓜子者"感到困惑：既然瓜子罗纹比一般的细罗纹还要细，怎么又"狭如瓜子"

图5-15 宋细罗纹抄手

呢？现在看来，它可能就是指石品表面的罗纹极细，侧面出现瓜子罗纹状的石纹。可以设想，如果把这种侧面是瓜子纹的罗纹石取其侧面为正面，就会得到"标准的"瓜子罗纹石。

此外，米芾认为"细罗纹无星为上"。现在看来，罗纹坑、眉子坑和金星坑均出细罗纹，而且质地都非常好。

刷丝罗纹也是较有代表性的一种。《歙砚谱》曰"刷丝，文理分明，无罗纹"，《墨歙谱》亦曰"刷丝纹理疏，易于摩墨"。汪彦章的《刷丝砚诗》曰："冰蚕吐茧抽银色，仙女鸣机号月窟。故令玉质傲松腴，万缕秋毫添黼黻。"图5-16所示为刷丝罗纹砚。

图5-16　刷丝罗纹

龙尾山刷丝石质地莹净，缜密坚劲，石纹呈细丝状，劲直而不相杂，如同篦子梳理好的发丝一般，非常难得。元代文人江光启在《送侄济舟售砚序》中就此有专门论述："丝之品不一，曰刷丝、曰内里丝、曰丛丝、曰马尾丝，皆因其形似以立名，不必悉数。以石理劲直故纹如丝，而旁为墙壁，独吐丝其奇。平视之疏疏，见黑点如洒墨；侧睨之刷丝粲然，工人所谓砚宝。独旧坑枣心坑或有之。盖石之精吐出光彩以为丝也。"

宋汪彦章有诗赞刷丝石："冰蚕吐茧抽银忽，仙女鸣机号月窟。云绡裂断掷残缯，沦入空山作尤物。中书君老不任事，蛛网陶泓空俗骨。故令玉质傲松腴，万缕秋毫聊出没。"

古人对刷丝罗纹推崇备至。南宋著名诗人范成大的《跋婺源砚谱》称："龙尾刷丝，秀润玉质，天下砚石第一。今其冗塞已数年，大木生之，不复可取。或因洪水漂薄，沙砾间得异时斧凿之余，至琐碎者亦治为砚，纵横不盈二三寸。稍大者即是故家所藏旧物。士大夫既罕得见，故能察识者少，而遂以端石为贵。端石绝品犹不能大胜刷丝。"

明代文学家陆深的《歙砚志》有更详细论述："旧坑丝石为上，生在石中。斫者先去顽石，次得砚材，然极粗，工人名曰'粗麻石'。石心最紧处为浪，出至慢处为丝，愈慢处为罗纹。故曰紧处为浪，慢处为丝，如木理然。丝之品不一，曰刷丝、曰内里丝、曰丛丝、曰马尾丝。独吐丝为奇，正视之疏疏见黑点，如洒墨；侧视之刷丝粲然，工人谓之砚宝，盖石之精。云惟枣心坑或有之，他产则劣。"

泥浆罗纹，"细罗纹而尤温润，乃罗纹下坑石"。纹理看似泥浆状，石质温润程度超过细罗纹，纹理细密，但不够坚实。

用罗纹的形状命名还有古犀罗纹，罗纹坑出，即古罗纹坑的犀角罗纹。其纹与犀牛角上的纹理相似，与刷丝相近（图5-17）。

还有松纹罗纹、卵石罗纹以及绞丝罗纹和"石心罗纹"等。

有一种石品称"泥浆"，古人的定义是"细罗纹而尤温润，乃罗纹下坑石"。

与眉纹相似，罗纹石上也常常伴有其他纹样，构成复合纹样的石品。如金花罗纹，在"罗纹地上间以金花乱点，大细不常，如画工销金"，意为在有罗纹质地之上散乱地分布着一些金花，类似洒金的效果。金晕罗纹有"金晕数重，如抹书者，或晕如卵形及杏叶，皆重迭数重"。金星罗纹则有"细金点如撒星者，有金抹如眉子者，有横抹金纹

图5-17 古犀罗纹砚

长短不定者"。还有算条罗纹"比刷丝纹理疏而粗大，正如排算子"。角浪罗纹又有"直纹数路，如角浪然"。这里所说的"角浪"看上去跟刷丝罗纹相近，纹理有点呈平行四边形状，横七竖八的，是地质切力作用下形成的，极难得一见。

《歙砚志》对不同的罗纹歙石发墨性能等方面也有介绍。"粗罗纹者细者易为磨墨；细罗纹稍坚者最能发墨。或者以易磨墨为发墨，非也。唯蔡

君谟论得其要。墨在砚中随笔旋转涤之泮然尽去，此乃石性坚润，能发起不滞于砚耳。若刷丝、松纹、角浪，皆以其理疏，易于磨墨。至于金星之类，乃其余事，自有优劣。独泥浆一品较之诸石纹理细密，富于温润，但多不甚坚实。算子罗纹纹若瓜子罗纹，然此最佳者也，出水波坑中，幸而得之，不可期。或取罗纹侧为之，甚能乱真。"

三、金星、金晕

金星是歙砚石纹理中的一个大类，含金星、银星、金晕、银晕、金花等品种。金星类纹饰的本质是砚石中含有复杂的金属氧化物成分，颜色有金黄色、淡黄色、土黄色、黄褐色、褐红色等。金星、银星是某种这类复杂成果的聚集点。人们根据星的颜色、大小和聚散情况的不同，给出不同的命名，如雨点金星、雨丝金星、粟粒金星等。金星常常伴生其他类纹理存在，如罗纹金星、眉纹金星等。图5—18为典型的金星歙石。图5—19则为水舷坑雨点金星砚石。

图5-18　遍布金星的歙砚石

金星，色金黄，成点状，有的圆，有的方，有的呈三角形，有的呈多角形，还有所谓的碎星。大如绿豆，小似微尘，分布在青黑色的砚石中，如天空闪烁的星斗，十分耀眼。金晕，呈金黄色，成片或成块状。金晕与金星都属一种硫化铁之类的物质，是在砚石中自然渗透所形成的形象。还有稀有的银晕、银星、玉带、龙鳞、庙前红、庙前青等。如此美

图5-19　水舷坑的金星

妙的纹理，令人赞叹，令人遐想，备受人们青睐。

北宋文学家欧阳修对龙尾金星砚石青睐有加。他说，"歙石出于龙尾溪，其石坚劲，大抵多发墨，故前世多用之，以金星为贵。其石理微粗，以手摩之索索有锋芒者尤佳，余少时又得金坑矿石尤坚而发墨，然世亦罕有。端溪以北岩为上，龙尾以深溪为上，较其优劣，龙尾远出端溪上，而端溪以后出见贵尔"[1]。他认为龙尾石硬质较硬而发墨，"以金星为贵"。从现在的认识看，不能一概而论。

粉末状金星（也称云雾金星）对于发墨有益，同时由于其中含有硫黄等硫化物成分，用它磨出的墨汁作画，不易受虫蛀。但总体来说，金星作为一种硫黄铁之类的物质，对发墨益毫并无益处。同时，金星容易氧化为铁锈，影响砚的观感，不利于对砚的保养。在工艺上最忌的是晶形完整的四方形"铁钉"，是颗粒较大的黄铁矿，硬度大，不仅制作时难以雕刻，而且使用时极易损笔。当然，现在人们收藏歙砚，主要是用来观赏，金星的纹饰千变万化，可以构成极具审美价值的图案。加上砚雕师巧妙的应用，往往能达到锦上添花的效果。

金晕则是在特定的条件下在较长的时间里从点逐渐扩散产生的效果，如同宣纸上的一点墨受湿之后逐渐向四周润开的情形。图5—20就是一方金晕砚。环境条件和演化时间上的差异，造就了各种不同类型的晕。人们根据这些晕的图案，通过想象给出各种不同的名称。刚刚晕开成为花朵状的被称为金花；在不规划的晕圈中间有不同形状的核，有的像眼睛的形状，被称为"丹凤眼"；有的如同一个人坐在洞中，被称为"老君藏洞"或"达摩

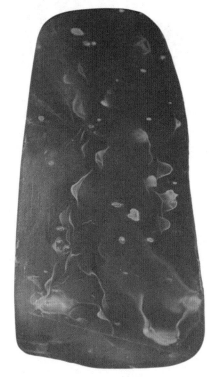

① 欧阳修，《文忠集》卷七十二

图5—20　大型金晕砚

图5-21 丹凤昭和罗汉入洞

图5-22 鳝肚黄砚

图5-23 鳝肚黄枣心眉砚

面壁"。文献中描述"罗汉入洞"即"石中有金晕，如云气下有罗汉龛座之形"，说的就是图5-21所示的这种石品。

四、鱼子纹

鱼子指砚石面上密集分布细小的黑点，大如粟粒，小如针尖戳痕，其状如鱼子，故名。因鱼子石的颜色不同，可分为青鱼子纹、红鱼子纹、白鱼子纹、鳅背纹、茶末绿、鳝鱼黄等不同的品种。严格意义上说，鱼子纹不单纯是一种纹理，而属于成岩和变质成岩的物质组分和结构特征。具体地说，鱼子纹砚石中有细小的黑点，形状近似球形，总体呈球粒状，边缘多不规则。

图5-22是一款鳝肚黄歙石砚，其色鲜黄，与底色相杂，呈现出很纯的鱼子纹，宛如一尾老黄鳝腹部的纹理。图5-23也是鳝肚黄为主，间有细细的眉纹和成片的其他颜色。其色与上一款相比偏淡黄和青色。

五、龟甲纹

龟甲纹又称龟背纹，其形状恰似乌龟背甲上的花纹，故称。龟甲纹是龙尾老坑石的一种，产于砚山眉子上坑及其以上部位的红石岩层，在数层青红相间的岩层中，青色为龟甲层，厚度在2~8毫米；红色为红石层。其纹理犹如乌龟甲背上的纹理，常与金眉纹、白眉纹相伴，有些则以眉纹为底质。龟甲纹的成因比较复杂，有原保留下来的泥裂纹，也有变质变形造成的劈理纹，还有后期改造形成的节理纹或劈理纹等。因此，除了典型的龟甲纹，还有一些变形，但均称为龟甲纹。因颜色不同分为白龟甲、金龟甲、灰龟甲、血丝龟甲、碎冰甲等不同品种。

图5—24为血丝细网龟纹砚石。图5—25、图5—26则为具有显著差异的两种不同的龟甲纹，无论是线条的明暗还是石料的底色都有很大区别。

图5-25　不连贯的灰龟甲纹

图5-24　血丝细网龟纹砚石

图5-26　龟背纹歙砚

六、玉带纹

带状纹是指两种以上色泽不同的纹理呈带状大致平行地交替分布，多为浅色与暗色矿物的相间排列，也有粒度不同的过渡类型。其本质是不同质地的岩石层叠加在一起构成的石料，其横断面呈现的纹理可能是原岩层理保留下来的变余层理构造，也可能是变质过程中的成分层分异现象。歙砚石料中这类石品也有不少，如庙前红、庙前青、彩带、玉带、玉底象牙带等。

玉带石质如玉，颜色略呈绿色，上有宽度不等黑色条纹交替分布，在中有宽窄不等的偏纱色条带。与其他石器一样，玉带也常伴有金星、金晕出现，合称玉带金星、玉带金晕等。据说，玉带与庙前红、庙前青同出一坑，并处于岩层最深处。岩层由表及里，青色渐渐变绿，红色渐渐变黑。

图5-27为龙尾山老坑玉带金星金花砚石，相当于一个横断面，可以看出数种深浅不同色的岩石层叠加在一起。

上述各个石品只是歙砚中最重要的几个代表，歙砚石品远不止这些。例如，水波也比较常见。古代对于"水波"的定义是"纹理横细，如晴昼微风清沼涟漪之纹"。就是说，水波纹的纹理横向排列，很细，看似在白天看到微风掠过，在清清的水面上吹起阵阵涟漪。图5-28即是一方老坑水波砚石制作的歙砚。

要进一步了解歙石的品种，除了可以参考其他文献外，还要深入实地，多接触，多比较，在实践中获得真知灼见。

图5-27　老坑玉带金星金花砚石

图5-28　水波歙砚

第二节 制作工艺流程

一、砚坯的制作

1. 采料

砚石是在自然力的作用下，经过千百万年的演变形成具有特定的结构和性能的矿石。找到适合于制作歙砚的矿石之后，首先要将长年累月沉积在上面的泥土层和石皮层清除掉，使之暴露，便于开采取石。如果砚料埋藏在深处，这个清理过程的工程量相当浩大。

制砚所用石料在自然状态下为片状堆叠，为了避免损伤砚料，开采过程中不能用炸药爆破，只能靠人工，用长短钢钎和铁锤等工具，从岩石层表层一层层将砚料剥下来。如果层与层之间结合得不太紧，即可以用平口长钎插进缝隙，用力撬开，使之分离，如图5-29所示。

图5-29 用凿子从两层砚板之间的缝隙将成片的砚石剥离

2. 选料

取下的石料有大有小。对于大块的料，首先需要剖析和检验，现在一般用电动锯按设计要求剖开成小块，如图5-30所示。

图5-30　用设备将石料锯开

图5-31　查看石料内部结构

打开之后，要查看内部的结构，如图5-31所示。首先要看有无裂纹和石筋。特别是裂纹，是致命伤，有时外表看上去很完整的一大块石料，打开之后一道裂纹斜线横贯，整块料都没有用了。石筋虽不是断层，如果处在不恰当的地方，就会严重影响砚料质量。如果有这些情况，就要根据经验作取舍，避开瑕疵，尽可能充分利用砚材。

当然，在此过程中，有经验的师傅还会关注砚石内部的纹理分布情况，这同样需要恰当地取舍。对于价值昂贵的上等砚材，这个过程会更加小心谨慎，不当的操作会导致严重的资源浪费和经济损失。

3. 整形

所得粗坯需要整形，使之成为规矩平整的砚坯。

现在普遍使用电动工具。如果砚坯很不平整，需要除去的部分比较多，直接打磨太费工时，可以用如图5—32所示方法，先用小电锯在粗坯的表面上横竖交错锯出不规则方格状，然后用小铁锤轻敲錾子除去砚坯表面多余的部分。这种方法效率比较高。

　　基本上平整之后，就可以用电动手锯一点点将凸起的部分打磨掉。虽说是电动工具，操作还是很不方便。图5—33中师傅右手持电锯打磨时，左手还得持水管向锯片与砚石接触处喷水降温。

图5-32　錾去多余的部分

图5-33　用电锯除去多余的部分

4. 专业化分工

歙砚制作行业中，按照制砚程序中的不同阶段，已经形成一定的专业化分工。第一阶段是采石，从石料产地采掘石料，基本上是一些懂砚石的石匠承担。由于在野外工作，这是非常辛苦的劳动。第二阶段是制作砚坯。就是将原料用锯切割成块，剔除其中严重的石病，最大程度地综合利用原料，避免造成资源浪费。这些人一般住在砚料产地附近，具有基本的识别砚石优劣的能力。在原料产地，还有一些人专门从事砚料的销售。他们从采石者手中零星或批量地收购砚坯和原石，自己动手或请他人将原石加工成坯出售。这些人不仅具有砚石的鉴别能力，而且掌握砚石的市场行情走势，与制砚者群体具有普遍的联系。图5—34所示为砚山村专门从事砚坯收售的吴玉民。

图5—34 砚山村从事砚石经营的吴玉民

二、素工砚制作

从砚坯到成品砚一般情况下是直接完成制作，有时也会分成两道工序，即有些艺术砚的砚堂和砚池部分交给专门从事素工砚制作的人代为完成。

这里要稍加介绍制砚所用的工具。图5-35所示有两组工具,一组比较宽大,统称为靠铲,使用时将一个木柄一端插入金属工具的后端,用于较大面积的铲平等操作。另一组较细小,统称为刻刀,刀头有平口、圆口等,使用时直接用手持在砚体上刻出各种花纹。古人云:"工欲善其事,必先利其器。"制砚的工具很多都是自制的,这样才能适用。此外,刻砚跟木雕、竹雕、砖雕相似,磨刀是一个首要的功夫,而且非长期实践不能熟练掌握。

图5-35 制砚工具

素工砚的概念原本是相对于艺术砚而言的,指普通的带有砚堂和砚池而几乎没有装饰的实用砚。随着高档仿古砚的出现,人们对于素工砚的认识发生了巨大变化,即素工砚并不朴素,完全可以通过造型的塑造,具有非常高的审美效果,也属于艺术砚的范畴。

特别需要强调的是,素工砚的手工制作是歙砚制作技艺的基本功,制作者的审美能力和表现能力在素工砚制作过程中一览无余。所以,介绍歙砚制作工艺流程,还是从手工制作素工砚开始。

1. 设计

取一块砚坯,根据其大小、外形、质地情况,确定砚堂和砚池所在位置和尺寸。素工砚的构图十分简洁,对布局有更高的审美要求。由于砚坯千差万别,具体的尺寸如边的宽度、池的深度等都没有统一的规定,砚雕师只能根据个人的审美取向自主确定。作品的美感在很大程度上取决于创作者的艺术修养,这一点与艺术砚的创作相似。

根据设计方案,用木工铅笔和直尺等工具在砚坯上画出草图,如图

5—36，确定后用铁笔将线条加深，如图5—37，以防铅笔线条被抹去。除了砚的正面有砚堂和砚池，砚的背面往往也需要留出砚足和镌写铭文的阴堂。

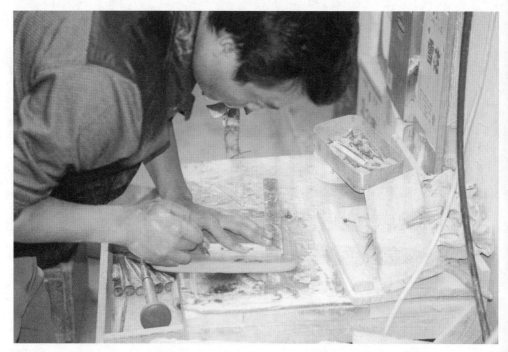

图5-36　用铅笔画线

图5-37　用铁笔将线条加深

2. 打坯

首先要开线。一只手握平口凿子，凿口向内，贴着线；另一只手握小锤，敲打凿柄，如图5—38所示，如此环绕一周。注意凿子要有一定的倾角，用力要掌握分寸。打轻了凿不出料，用力过猛则可能震裂砚材，造成无法挽回的损失。还需要注意的是，凿口必须控制在线以内，不能越过边界，否则会参差不齐；同时要控制凿入的深度，使各处一致，不能高低不平。

接着是出细。剔除每一层面所有多余的部分称"出细"。开线解决了边界问题之后，改用靠铲铲去中间多余的料。也要分步进行，先用口径较窄的靠铲，依次将明显高出的部分铲除，然后用宽口铲大面积横扫，使整个区域处在同一平面上（俗称"找平"），如图5—39所示。

图5—38 开线

图5—39 找平

3. 层层递进，工在边界

与木雕相似，砚的雕琢也是由高向低逐层展开。

在每一个层次都是从粗到细，先将设计好的图案刻成轮廓，再用雕刀修饰，逐步细修，渐入佳境。如图5—40、图5—41中，砚的四足已经粗现，但仍有多余部分需要剔除。操作方法：先用线凿开线，再用靠铲反向铲，直到冗余之处完全消失。需要特别注意的，边线要求最为精准，既不能破线，又不能残留，而且立面要有神韵，不能显得疲沓无力，从中可见制作者功力。

这种凿与铲的操作过程中，要综合运用手与肩膀力量。初学者必须在反复的实践中体会力道的掌控，有些地方需要心细如麻，有些地方则可大刀阔斧。一般来说，没有3年以上的磨炼，不可能达到理想的状态。

图5-40　用线凿开线

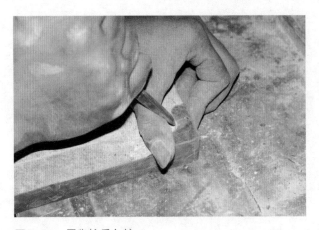

图5-41　用靠铲反向铲

4. 打磨

砚已基本成型，没有明显突兀的地方，接下来要做的就是通过打磨使砚的表面光洁细腻。

打磨仍然按照由粗至细的原则，先用颗粒较粗的磨石。现在根据需要，为了节省体力，可以首先用电动工具把一些较为粗糙不够平整的点打磨平。接着用磨石（俗称"油石"，图5—42）打磨，先用排笔将表面的尘渣打尽，在砚的表面洒些水，使之湿润，然后选择粗细、形状和大小合适的磨石打磨砚石表面。先用磨石，后用砂纸（图5—43），始终遵循先粗后细的原则，直到砚面光洁如镜。

图5-42　形状粗细不同的油石

图5-43　砂纸打磨

三、艺术砚制作

艺术砚是相对于素工砚而言的，主要是通过艺术语言表达一定的意境，使砚在实用功能基础上增加了艺术鉴赏功能。艺术砚可以分多个层次。从造型上看，有规矩砚，更多的则是随形砚；从题材上看，有书法，也有人物形象、山水花鸟绘画等。艺术砚创作对于作者的艺术修养和文化修养都有很高的要求。

1. 造型能力

素工砚也可以是艺术砚，如图5—44、5—45这两方砚，没有任何装饰图案，但凭着其极其优雅的造型和无可挑剔的细节，具备极高的审美效果。这种砚可以称为素工艺术砚，其显著特点：一是用料极其细致纯净，毫无瑕疵；二是刀法极娴熟；三是比例关系符合审美心理。

图5-44　朱岱的支履砚

图5-45　朱岱的门字砚

素工艺术砚将素工砚做到极致。这种砚在实用性方面表现得最为突出，远远地超越了一般实用砚的层次，以其简单大方的体型之美，可以超越刻意装饰的奢华，让人百看不厌。

以书法和绘画艺术作比喻，如果把其他艺术砚看作是绘画的艺术，那么素工艺术砚就相当于书法。这种砚的创作除了必须掌握扎实的基本功外，必须在模仿古代制砚艺术上下功夫，相当于书法临帖，在大量的学习实践中逐渐提高自己对于造型艺术的审美能力，然后才能逐渐达到自由创作的水平。

2. 文史修养

艺术砚的创作往往要求创作者具有很高的文史修养，熟读古代诗文，熟知人文典故，能够根据歙石的自然条件构造一种情境，达到天人合一的

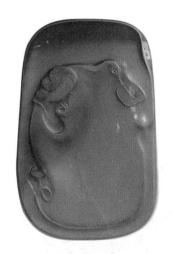

图5-46 吴笠谷的
轻罗小扇扑流萤砚

图5-47 吴笠谷的
轻罗小扇扑流萤砚背

效果。

　　吴笠谷的轻罗小扇扑流萤砚就很好地体现出作者较扎实的文化修养和
很高的设计能力。这个题材的创作思想来源是砚石右边的两个浅色斑点，
原本是瑕疵，按照惯常的设计思路可能会想办法弱化它。作者在创作时大
胆地将它作为主题突出加以表现，将暗色的砚石色作为黑色的背景，采用
大写意的手法，寥寥数笔在砚堂左边勾勒出一个仕女形象，右边一支轻罗
小扇轻轻地扑向这两个"流萤"，夜色中看不清执扇者的轮廓。整个砚堂
和砚池的尺寸几乎做到最大化，保证了砚的实用功能。

　　砚背在风格上与砚面保持一致，荷叶表达的水面上一对鸳鸯的眼睛也
是这种光点的利用。此砚不啻文人砚的杰出之作。

　　3. 书画功底

　　歙砚的显著特点之一是以浅雕为主，所以在题材的选择上常常以中国
传统书画艺术来表现。因此，艺术砚的制作者必须具有较扎实的书画功
底，否则难以自由创作。

　　在歙砚上写字以刀代笔，下刀如同下笔，必须遵循书写的起笔和收笔
规律，这样才能使生硬的砚石具有柔软的宣纸的表现效果。

　　与之相似，在砚石上作画比在宣纸上作画对于制作者绘画基本功底的
要求更高。没有扎实的构图能力，就不能正确地表达事物间远近、虚实、

图5-48　蔡永江的兰亭雅集砚　　　　　图5-49　蔡永江的爱莲说砚
背面的书法　　　　　　　　　　　　　　背面的白描

大小、高低以及比例关系，更不能使画面生动、情趣盎然。特别是人物的形象塑造，要求神态各异、彼此呼应、与周围环境相协调等，与纸上绘画的评判标准没有太大的不同。

4. 创意能力

创意是艺术创作的灵魂，也是艺术砚的创作的灵魂。任何一方艺术砚都或多或少地反映作者的创意水平。

创意概念的外延很广，造型的设计、构图的选择、艺术语言的使用、意境的表达等都属于创意的范畴。

图5-50是郑寒创作的天圆地方砚，将歙砚与万安罗盘这两个徽州传统文化元素有机地结合起来，表达中国传统的天圆地方的宇宙观念。用两个具有实用价值的文化产品组合成一件精美的物品，从产品设计的视角看就是一个很好的创意。

郑寒的另一件歙砚作品《巫山行舟》（图5-51），因材施艺，利用砚石天然的俏色构造斑驳的山崖，取里层细腻温润的罗纹石作砚堂，看似澄明如镜的水面上刻一叶扁舟，整体上构成湖光山色的意境。该砚虽为随形，在形制上并没有任意放浪，而是有所收敛，中规中矩，而且砚堂和砚池的设置可以满足实用的需要，在创造美的同时兼顾砚的实用性，整体设计可圈可点。

图5-52所示为方见尘的作品，整砚简洁明快，极具设计感，巧用上中下三道石皮纹理，合理分布砚堂与砚池等空间，体现出作者的审美高度与驾驭能力。

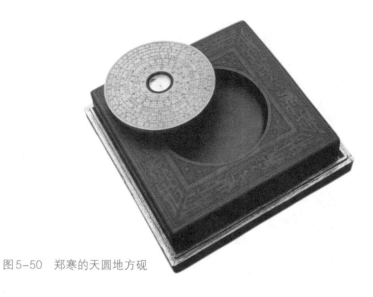

图5-50 郑寒的天圆地方砚

图5-51 郑寒的巫山行舟砚

图5-52 方见尘的作品

5. 因材施艺

从根本上说歙砚制作技艺是人与物的结合，制作者所有才华的体现无不以砚石作为对象、作为创作的基础。其中需要说明的是，神奇之处在于，一块歙石往往可以说是一个宝库，每一层与下一层都可能不一样。在揭开每一道面纱之前，其真面目并不会显现；而在一层层展现完毕之后，它也就不复存在。

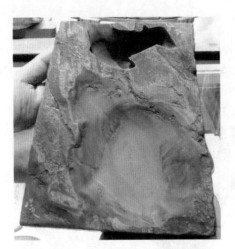

图5-53　不同层次有不同的内容

图5-53所示为吴笠谷制作的一方展示砚石不同层面材质差异的砚。可以想见，艺术砚的创作是一种与砚石对话的过程、合作的过程。在此过程中，创作者必须以过去积累的经验对当前砚已经提供的信息进行综合判断，这个过程有些像是对股市行情的判断，早了或者晚了都会有遗憾。

图5-54所示是朱岱的仿宋代行囊砚。此砚以鳝肚黄眉子石为砚面，不早不晚，恰到好处。再磨下去一层就到了青黑色细罗纹石层，石质固然细腻温润，但那样就不会有这样将清冷的黑色与柔和的黄色搭配在一起的清雅精致效果。

图5-54　朱岱的仿宋代行囊砚

四、配砚盒

砚盒也称砚匣，是歙砚重要的组成部分。"砚无床，不称王"，说的是佳砚必须配好匣。砚匣不仅具有观赏价值，而且对砚具有保护作用。砚匣与砚的关系应是宾与主的关系，因此匣的雕刻必须与砚相配称，不可喧宾夺主。好的砚匣其子口既要严丝合缝，又要启盖灵活。

1. 不同种类的砚盒

配盒是歙砚制作技艺的最后一道工序，是一项专门的工作。尤其是高档砚的配盒总是请专业的砚盒制作师傅完成。

配盒的基本工序是木工首先根据砚的档次选择不同材质的木料。低档砚一般用杉木、泡桐和一些价格不高又不易变形的杂木，制作普通的漆盒。中高端的目前最常用的有樟木、红豆杉、红酸枝、花梨木等，有时用小叶紫檀作花边装饰等。有些仿古代的做法如酸枝盒嵌银丝、嵌玉片等等。图5-55为小叶紫檀包边的素木砚盒。

图5-55 小叶紫檀包边素木砚盒

砚盒的形式除了常见的封闭式外，一些很厚的砚，往往配备开放式的所谓"天地盖"，即盒底和盒盖并不相连。

高档木质砚盒在使用过程中应经常打蜡，以保持光泽，防止潮气侵入。徽州髹漆技艺是国家级非物质文化遗产代表作项目，其中最具特色的是犀皮漆，又称菠萝漆，金碧辉煌，具有富丽华贵的装饰效果。高档歙砚有很多配菠萝漆盒。图5-56所示即甘而可制作的菠萝漆砚盒。

图5-56 菠萝漆砚盒

2. 木盒制作

无论是何种砚盒都少不了木工的这道工序。制盒用的木料必须先锯成一定厚度的木板，放置很长时间，使之"定性"，不容易变形（图5-57），然后才可以使用。

图5-57　为每一方砚配料

规矩砚配盒相对比较简单。无论是方形还是圆形，规矩砚的砚底是平的，制作砚盒只需要确定其尺寸，使用一定的木工工具，除去其中多余的部分，并将表面刨光磨平，恰好可以把砚装进去即可。随形砚配合还得多一道工序，就是为并不平整的砚背作好铺垫，使砚装在盒中平稳端正而不会倾斜或者摇晃不稳。

木盒制作工艺当然也有高低之分，如木盒的底与帮之间的拼接方法就有显著不同，低档的直接用钉子或胶粘接，高档的则可以用传统的卯榫结构，非常精细。图5-58为屯溪老胡开文墨厂里的制盒师傅工作时的情形。

木盒制作好之后才可以做进一步的装饰。无论是低档杂木盒的油漆，还是高制作螺钿、镶嵌或者制作菠萝漆面都是如此。

配盒这个环节非常重要，尤其是高档砚一定要配高档盒，这样可以大大提升砚的价值。甘而可讲过一个例子，即雅园斋主刘齐武看到甘而可为周小林做的砚盒十分精美，就拿了几方砚，请甘而可为他配盒。2004年有一方砚，歙料和雕工成本有2000元，市场价格可能就是3000元，最多4000元，配盒的价格一万多元。结果配上盒之后，整砚出售成交价约10万元。

图 5-58　用电动工具打磨砚盒

非物质文化遗产保护工作开展以来，歙砚制作技艺迎来了全面繁荣发展的良好局面，歙砚制作业呈现出全新的发展态势。以歙县、屯溪为重点，古徽州境内以歙砚制作为核心，从事原料加工、歙砚制作、砚盒制作、歙砚销售等方面工作的人员一度达到万人规模。近几年，随着我国经济发展进入新常态，从业总人数有所增加。据估测，现在直接从事歙砚生产加工和经营的人员约有3000人，涌现出一大批具有较高艺术造诣的歙砚制作技艺代表性传承人。

第一节 国家级代表性传承人

一、曹阶铭

曹阶铭，男，1954年生，歙县人，歙砚制作技艺国家级非物质文化遗产代表性传承人，高级工艺美术师。现任歙县工艺厂（安徽歙砚厂）副厂长，兼任歙砚研究所副所长。

曹阶铭小学毕业即辍学，在县印刷厂工作的父亲带他到印刷厂做学徒，其间学习了不少文化知识。他自幼喜欢书画艺术，1973年以合同工的形式进入歙县工艺厂工作。一开始是按计件工资的形式领取报酬，厂里指定方见尘和叶升平作为他的技术指导，后来他又正式拜汪律森为师傅。1978年，其作为社会青年正式招工进厂。

1983年，砚厂的生产形势转好，订单陡增，产品需要创新，厂里成立了设计组。曹阶铭与胡震龙、方见尘、程苏禄，还有胡和春等比较拔尖一点的工人被抽调进来。胡震龙任组长，曹阶铭任副组长。之前厂里做的产品主要是为了出口的仿古砚，以长方形和花边

图6-1　曹阶铭工作照

图6-2　曹阶铭的水立方砚

椭圆形为主。设计新品主要针对不规则砚石，随方就圆，制作成随形砚。一块好的砚石，不能轻易地锯掉某一部分，而要因材施艺，力争达到天人合一的效果，在当时只有几位技术好的人才能驾驭。曹阶铭与同组的其他同事一道，在继承传统雕刻技艺的基础上不断创新，积极开发新品种，取得了丰硕成果。1985年，担任歙县工艺厂砚雕生产科科长，主管生产与技术。1989年，被破格评为工艺美术师。

在长期的艺术实践中，他博采众长，悉心探索，坚持创新，形成了自己的风格。作品设计布局得体，咫尺千里；造型高雅，跌宕遒丽；刀法刚劲，银钩铁画；线条流畅，挥洒自如。无论山水、人物，还是花鸟、鱼虫，皆涉笔成趣，丰筋多力。其代表作有东坡赤壁游砚、唐模小西湖砚、歙州竹砚、松云砚、兰亭砚等。

他从事歙砚雕刻工作40余年，亲手制砚数千方，作品被国内外藏家收藏，其中仿古砚作品受到日本收藏者青睐。作品多次参加国内外博览会、工艺美术展览并获奖，如中国工艺美术品百花奖优秀设计二等奖、第22届全国旅游产品内销工艺品交易会优秀奖、中国旅游购物节天马优秀奖、第二届北京国际博览会银奖、首届中国（黄山）非物质文化遗产传统技艺大展金奖等。

他从1985年起开始带徒，先后培养了胡水仙、张泽球、吴文斌等数十名传承人。2007年开始，他被安徽省行知中学聘为歙砚雕刻指导老师。曹阶铭带领他的团队2008年参加北京奥运会期间的展览，2009年参加在北京民族文化宫举办的首届中国非物质文化遗产传统技艺展演，并多次参加合肥、成都、深圳等城市的展示展演，为普及推广歙砚制作技艺做出了积极贡献。

二、王祖伟

王祖伟，男，1968生，歙县人，高级工艺美术师，中国工艺美术大师，国家级非物质文化遗产歙砚制作技艺代表性传承人，享受国务院政府特殊津贴，2013年度中国工艺美术行业典型人物。任第十三届全国人大代表、全国工艺美术专家库专家、中国文房四宝协会高级顾问（第六届）、中国工艺美术协会常务理事、中国工艺美术学会理事、安徽省宣传文化领域拔尖人才、安徽省工艺美术促进会副会长、安徽省工艺美术协会副会长、安徽省非遗研究会常务理事、安徽省美术家协会会员、安徽省书法家协会会员。

1986年初中毕业后，王祖伟就读于歙县行知中学工艺美术班（砚雕）；1988年毕业，被歙县工艺厂择优录用，3个月后进入厂创研室学习，得到胡震龙、胡和春、汪启渭等老一辈师傅同事的指导；后被胡震龙耳提面命，尽得"文人砚"真传，并结为翁婿；1991年，被四川攀枝花市作为技术人才引进，参与当地"苴却砚"的开发生产和技术培训；1995年，在歙县斗山街开设"文盛斋"砚店，独立经营；1997年3月，租下屯溪老街177号店面，经营"砚雕世家"，前店后坊，不断发展壮大。

他勤奋好学，广泛涉猎美术、书法、篆刻、徽州文化等，悉心观察自然界山水景物，师从造化，获取创作灵感。代表作日破云涛万里红砚（图6—4）融黄山的天都峰、迎客松、莲花峰、始信峰、妙笔生花、日破云涛六景于一体，采用诗画一体、工意结合的手法，将黄山的险、奇、绝、美高度概括

图6-3　王祖伟工作照

图6-4　王祖伟的日破云涛万里红砚

浓缩，以刀代笔，刻画出了黄山的美景及神韵，获第十五届中国文房四宝艺术博览会金奖，并被推为魅力城市（黄山）的文化瑰宝。作品新安揽胜砚先后被遴选为魅力城市（黄山）的文化瑰宝和中国工艺美术百花奖金奖。兰亭雅集砚、虚中洁外砚、枫桥夜泊砚、奇峰秀石砚已被中国国家博物馆、中国工艺美术馆、中国工美珍宝馆、中国工艺美术大师博物馆永久收藏；2010年和2013年分别应邀特制国礼；曾参加日本爱知世博会和上海·联合国教科文组织地区间会议等大型的国际性文化活动及国内专业的高端学术研讨会。参与起草歙砚地方标准。著有《歙砚古今》。

三、郑寒

郑寒，男，1963年生，歙县人，歙砚制作技艺国家级代表性传承人，国家级工艺美术大师，中国文房四宝制砚艺术大师。

郑寒早年跟杞梓里镇文化站站长傅炳奎学过国画，打下了一定的绘画基础。读中学时，经校长方钦淦推荐，拜方钦树、方见尘父子为师，从此走上了砚雕之路。1979年正式开始专业砚雕生涯，在方钦树主办的徽城文化服务部从事砚雕6年，后进入歙砚研究所，担任生产技术科科长。90年代初，隐身故里，潜心砚艺，创作出八百里黄山砚，被黄山风景区博物馆收藏。2002年在屯溪创办郑寒砚雕艺术中心。

郑寒擅长山水、人物、花鸟砚的制作，其砚作擅用石型、俏色，作品

图6-5 笔者2008年访谈郑寒（左）

文气、古朴、凝重，构思巧妙精致，创作中崇尚自然，继承传统而又突破传统。作品刀法遒劲、老辣、简练，雕刻上使深、透、镂、点、线、面完美结合。人物刻画栩栩如生，佛祖造像端庄慈祥，花鸟鱼虫活灵活现，因材施艺，每一件作品都体现出实用和观赏、人工与自然的完美结合。其手法更多的表现天然美和线条美，使之与不同的材料、造型、纹理相统一，产生不同的意境，达到融会于心、意在刀先、合于自然的艺术境界，体现精湛的砚雕技艺。

1997年，其黄山胜迹印痕砚被外交部礼宾司选作李鹏总理赠送日本天皇的国礼；2004年，其中国龙砚作为"翰墨清远"文房四宝礼盒中的主件，成为胡锦涛主席赠送给法国总统希拉克的礼品；2008年，其天圆地方罗盘砚被选作黄山市政府赠送国际奥委会萨马兰奇主席的礼品。有人据此赋予郑寒"中国第一国礼砚雕家"的美誉。其代表作有1997年为迎接香港回归创作的归航砚以及鱼砚、古琴砚等。

图6-6　郑寒的天圆地方砚

其作品先后在北京中国美术馆、上海刘海粟美术馆和香港、深圳等地及新加坡、马来西亚等国举办展览，多次被用作国礼、省礼和市礼，并被博物馆、书画家、收藏家广为收藏。业内人士多有厚评："刀法精湛，妙在传神""返璞归真，神游于艺""构思巧妙精致，刀法简练流畅"。他还热心歙砚艺术的传承，培养弟子80余人。著有《玉石之间》等。

四、蔡永江

蔡永江，男，1969年生，江苏淮安人，祖籍安徽巢湖，歙砚制作技艺国家级代表性传承人，安徽省工艺美术大师，首届中国文房四宝制砚艺术大师，高级工艺美术师，国家一级技师，黄山市第七届、第八届政协委员，中国文房四宝协会理事，安徽省传统工艺保护促进会常务理事，安徽省文房四宝协会顾问，安徽省美术家协会会员，安徽当代文房四宝研究所研究员，同济大学"国家艺术基金——徽文化三雕设计创新人才"授课专家，中国文房四宝协会地方特色区域评审专家。2019年获安徽省政府特殊津贴。

图6-7 蔡永江工作照

　　蔡永江自幼随父学习书法，稍长又学习绘画，打下了比较扎实的书画基础，少年时代即以喜好书画闻名乡里。1988年师从徽州歙砚名家汪春炎学习歙砚雕刻，深得真传。1999年开始研习田黄薄意雕刻，并将薄意技法与中国传统绘画白描相结合，运用于歙砚雕刻，形成了具有文人绘画意蕴的个人雕刻风格。其歙砚雕刻作品曾经获得西泠印社"中国印文化博览会"第一至五届雕刻类金奖，并被聘为西泠印社"中华文脉——中国砚文化"讲师。达摩面壁砚2021年获得中国文房四宝博览会金奖。国画作品《清音》荣获第二十届中国电影百花奖书画展金奖。2011年1月20日其歙砚代表作品之一的兰亭雅集砚入藏北京故宫博物院，成为故宫收藏的唯一当代歙砚艺术品。代表作品还有蓬莱道山砚、五百罗汉砚、禅宗六代祖师

图6-8 蔡永江等人歙砚作品捐赠仪式

砚、竹林七贤砚、赤壁夜游砚等。

作品参加第一、二、三界黄山中国非遗展、文化部举办的北京恭王府"文房砚为首——中国文房传统造型艺术展"、北京故宫博物院举办的"徽匠神韵——安徽徽州传统工艺故宫特展",2018年入选国家博物馆"中国工艺美术双年展",2019年8月参加中华人民共和国成立70周年展等。

五、汪鸿欣

汪鸿欣,艺名寒山,男,1977年生,江西婺源大畈村人,国家级非物质文化遗产代表性传承人,中华传统工艺大师,婺源歙砚协会副会长,中国亚洲经济发展协会文化艺术金融委员会研究员,江西根石艺美术学会砚专业委员会名誉会长,山东省鲁砚协会顾问,上饶市民间文艺家协会副主席。

汪鸿欣自幼深受民间砚雕文化艺术的熏陶,有很好的书画功底。1997年从南飞技校毕业后,先后跟随俞怀元、胡中泰等学习歙砚雕刻技艺。其砚作题材广泛,依形施艺,力求自然与传统水墨的完美结合。其砚雕作品被央视、北京卫视、凤凰卫视、亚洲卫视、江西卫视等媒体专题报道,砚作、书画作品被收入《当代书家佳作荟萃》《中华翰墨名家作品博览》《砚林集胜》《中国当代名家砚作集》《中国石砚概观》等典籍,并且多被海内

图6-9　汪鸿欣工作照

外人士所珍藏。

图6-10为汪鸿欣歙砚作品百鸟争鸣砚，用婺源龙尾山枣心眉纹罗纹石，采用影雕表现手法，巧以眉纹作笛子与云，一幅生动喜庆的画面跃然砚上。著有《山中砚语》。

图6-10　汪鸿欣的百鸟争鸣砚

第二节　省级代表性传承人

一、方见尘

方见尘，原名方建成，男，1947年生，歙南磕溪人，高级工艺美术师，歙砚制作技艺省级代表性传承人。

方见尘自幼喜爱艺术，表现出很高的艺术天分。中学毕业后，先是随父亲一起从事舞台美术工作，于1964年进歙县工艺厂从事砚雕工作。他以极大的热情投入歙砚创作之中，夜以继日地工作，很快便崭露头角，成为技术领军人物。1984年创办歙砚研究所，任所长；1999年开办黄山见尘艺术发展中心，任艺术总监；2006年任歙县歙砚协会会长。

图6-11 方见尘歙砚作品

图6-12 方见尘

其受父亲方钦树砚雕技艺熏陶，师从汪律森，于继承中不断创新，在长达几十年的砚雕实践中逐渐形成了自己的风格。砚雕作品拙中藏巧，超凡脱俗，追求意境，构图巧妙，往往不尽琢磨，只留本色，保持天然风韵，形成浪漫豪放洒脱的艺术风格。也有一些工笔与写意相结合的作品，比如雕一形象生动的牛、蛙、小虫等，整个砚体略加磨制，保留石材的天然风韵，具有较强的视觉冲击力。其作品善于运用薄意雕、浮雕、浅浮雕等多种技法，融诗书画印于一体，得到程十发、李可染、黄胄等画家的赞许。代表作有嫦娥奔月砚、云水拱月砚、黄山图巨砚、天官赐福砚、芭蕉习书砚、达摩面壁砚、剑魂砚、睡美人砚等。

其先后在全国各地举办展览，1990年赴韩国作艺术交流。中央电视台及天津卫视、湖南卫视、凤凰卫视等作专题报道。在歙县行知中学、徽雕艺术学校担任艺术总监兼荣誉校长。在歙砚界可谓桃李满天下，先后收徒百余人，郑寒、张硕、刘明学、钱胜利、姜和平等皆出其门下。

1995年以来，在全国各地举办展览，出版有《方见尘砚雕精品集》《见尘艺术专集》。

二、程苏禄

程苏禄，又名程思禄，男，艺名顽石，1952年生，歙县人，高级工艺美术师，省级代表性传承人。1964年开始师承叶善祝学习歙砚制作技艺，1972年进入歙县工艺厂，1990年任歙县文房四宝公司设计研究室主任，1993年任黄山市徽州区国营旅游工艺厂厂长，1995年任黄山市徽州区宏新总公司下属歙砚艺术雕刻传习基地主任。先后创办有"徽宝堂"和程苏禄歙砚雕刻艺术馆。

作品创作追求一丝不苟的写实效果，以新颖、古朴、俊美、精细见长，刀法刚劲，线条流畅，构图繁缛细致，精工细作，形象逼真，其中以纪实山水景观为最。善于将砖雕技艺运用于砚雕中，充分体现歙砚的巧、妙、绝的工艺特点。非常重视传统手工砚雕技艺的研究，能将远山近水的亭台楼阁和人物层次雕刻得远近分明，将松树枝叶层叠雕刻，体现层次感，具有国画的立体美感。代表作有苍松砚、石淙砚、太白问津砚、兰亭砚、黄海探奇砚、东坡夜游砚、龙凤呈祥砚、金星牧童砚等。其中二龙戏珠砚作

图6-13　程苏禄作品

为胡耀邦总书记赠送朝鲜金日成主席的国礼；金星山水砚作为万里委员长出访日本的国礼。安徽省博物馆、北京文房四宝堂和日本博物馆均有收藏其作品。

作品多次获得大奖，1978年获全国轻工业优质产品奖；1986年获全国轻工业优质产品奖；1988年获轻工业优秀产品金质奖；1990年获国家质量技术博览会银奖；2005年东坡夜游砚荣获"中国工艺美术创作大赛世纪杯"金奖。曾受到全国人大常委会副委员长陈慕华同志的接见，著名书画名家黄胄、胡华令、程亚君、卢果等人分别给予他"技艺精湛""立体国画""歙砚神刀""神州砚圣"的评价，中央电视台多次专题报道。

三、胡秋生

胡秋生，男，1960年生，歙县人，省级代表性传承人，一级技师，高级工艺美术师，安徽省工艺美术大师，安徽省德艺双馨艺术家。现任黄山市古城歙砚有限公司董事长，中国文房四宝协会砚专业委员会副主任，中国艺术家协会安徽省工艺美术专业委员会常务副会长，黄山市文房四宝协会副会长。

胡秋生出身于砚雕世家，父亲胡长彩曾任歙县工艺厂砚石采石组组长、车间主任。在父亲的熏陶下，他自幼对手工艺产生了深厚的感情。1976年在徽州师范学习绘画，后师从王金生专攻徽派雕刻技艺。1979—1996年，任仿古组组长并带徒传艺。1997年10月—1999年5月，任歙县工艺厂厂长，主持全面工作。1999年创

图6-14 胡秋生（后）与其师傅王金生合影

图6-15　胡秋生作品

立黄山市古城歙砚有限公司。2008年建立歙县古城墨砚博物馆，2012年获得安徽省首批"十佳民营博物馆"称号。2013年公司被评为徽州文化生态保护试验区非物质文化遗产传习基地。2016年度当选中国工艺美术行业"典型人物"。2017年被授予"安徽省工艺美术大师示范工作室"。

胡秋生从事歙砚及雕刻工艺近40年，有厚实的艺术功底，刀法苍劲有力，砚雕作品古朴浑厚、意境深远。2009年，八仙过海砚获得中国工艺美术山花杯银奖。千年巨龙砚、九贤图砚、歙砚荟萃砚等作品先后获第九、十一、十二届中国工艺美术精品奖银奖。2012年，硕果套砚获中国文房四宝协会第29届全国文房四宝艺术博览会金奖。2014年，喜鹊登梅砚在中国非遗·文房四宝专题展中获金奖。一带一路砚入北京世园会，琴棋书画砚荣获长三角伴手礼第一名，并有多件作品被国家非物质文化遗产馆、宁夏贺兰博物馆、安徽地质博物馆等收藏。

胡秋生着力歙砚技艺传承提升，承办四届"和氏璧"杯非遗（歙砚）技能大赛等；培养了胡彬、汪伦为、胡彪、江明灯、王俊、陈俊、王芙芸、姚路果等优秀传承人。

四、朱岱

朱岱，男，字子泰，1968年出生，歙县人，安徽省高级工艺美术师，安徽省工艺美术大师，省级代表性传承人。

朱岱是军人出身，20世纪90年代始，先后师从王耀、程苏禄等学习歙砚雕刻技艺。2010年起，参与王耀、孙皖平的古砚研究，收集古砚及资

图6-16 朱岱（右）向笔者介绍《砚藏》

图6-17 朱岱作品

料，进行临摹学习。与王耀一起创办"砚藏工作室"、网站等，积极推动砚文化的研究与传播。

作品屡获大奖。2011年10月，西泠印社举办的中国（杭州）第六届印文化博览会上，他创作的莲瓣写经砚获得金奖；2012年11月，三足乳钉日月砚获首届中国（黄山）非物质文化遗产传统技艺大展金奖；2013年获省非遗中心举办的"和氏璧杯"非遗（歙砚）技能大赛金奖；2010年，宋式圆形乳足砚被北京翰典艺术馆收藏。出版《砚藏》（合著）等。

五、潘小萌

潘小萌，女，1968年出生，歙县人，牧石草堂堂主，高级工艺美术师，安徽省工艺美术大师，省级代表性传承人。

潘小萌幼时跟随祖父习书作画，17岁入歙县徽城文化服务部研习美术2个月，1984年拜方枕霞为师学习砚雕技艺；1986年，受聘于黄山市四宝公司从事设计、雕刻；1989年重回歙县古关工艺厂（前身为徽城文化服务部）担任设计并制作；1990年被歙县练江牧厂、上海工艺厂聘为技术骨干，担任副厂长；1991年被屯溪四宝公司聘为技术指导，任副厂长；1994年在歙县古关工艺厂跟师傅方枕霞一起带领大家先后创作了大型壁画《清明上河图》《群仙祝寿图》；1996年被屯溪老街三百砚斋、雅缘聘为首席砚雕师，加工定制人物题材的砚台；2012年于黎阳老街29号设立工作室。在30

图6-18 潘小萌

227

图6-19　潘小萌作品

多年的砚雕实践中，其继承了祖师方钦树及师傅方枕霞的传统工艺，同时兼收并蓄，努力开创新一代的砚雕技法，形成自己独特的艺术风格，为新一代砚雕家女性代表人物。

潘小萌擅长人物雕刻，兼山水、花鸟，主要题材为佛像、观音、侍女、孩童等。作品中的观音、仕女，线条流畅，衣袂飘飘，有吴带当风之美誉，尤其脸部刻画神情兼备，自然生动，极富表现力，形成清雅灵动、意境悠远、生动别致的艺术风格。其砚雕代表作有佛国梵音砚、普济众生砚、洛神砚、梅花仕女砚、西施浣纱砚、晨烟砚、摇篮砚等。

其歙砚作品先后获安徽省传统工艺美术产品展金奖、中国歙砚大展金奖、中国工艺美术大师暨中国工艺美术精品博览会金奖、中华砚文化精品砚金奖等。

六、李红旗

李红旗（1964—2018），男，歙县人，安徽省工艺美术大师，省级代表性传承人，中国工艺美术协会高级会员。

李红旗1982年毕业于休宁中学，毕业后在屯溪柴油机厂工作，闲暇时钻研书画艺术及古砚谱。1988年，师从叶善祝学习砚雕。1990年创立"片石山房"工作室。

砚雕作品刀法简练、流畅，构思巧妙、缘石赋艺，耕人物、山水、花鸟。作品自然古朴，文气凝重，并融书、画、印于砚雕之中。代表作有太白邀月砚、送子观音砚、踏雪寻梅砚、竹林七贤砚等。

图6-20 李红旗（右）

砚雕作品先后获第二届中国（深圳）国际文化产业博览会"中国工艺美术精品奖"银奖、第七届中国（深圳）国际文化产业博览会"中国工艺美术文化创意奖"银奖、"天工艺苑·百花杯"中国工艺美术精品奖银奖。2010年，李红旗的风字砚作品被中国徽州文化博物馆收藏。

图6-21 李红旗作品

七、吴笠谷

吴笠谷，又名厉谷，男，1966年生，歙县富岱村人，古砚收藏家，砚文化学者，高级工艺美术师，安徽省工艺美术大师，省级代表性传承人，中华砚文化发展联合会副会长兼制砚委员会主任。

图6-22　笔者与吴笠谷（左）

图6-23　吴笠谷获山花奖的歙砚

1985年进入歙县徽城美术工艺厂学习砚雕，师从名家方钦树。1990年至1991年在中央美术学院国画系研习山水人物画。现客居北京从事砚雕及砚文化的研究，经营"斫云楼"，主营古砚收藏及砚作展示。

砚艺崇尚"天人合一"的理念，缘石赋艺，以刀代笔，融文心画意于一体，人称"文人砚"，尤擅长雕刻仕女，千姿百态。所作必有感而发，决不轻许，为国内外收藏家、名流学者及政要所珍藏。2012年6月，吴笠谷制作的袖珍飞天砚搭载"神九"前往太空，成为中华飞天第一砚。此砚获中华炎黄文化研究会、中华砚文化发展联合会联合颁发的特别贡献奖及首届中国（黄山）非物质遗产传统技艺大展金奖。2013年，唐伯虎小像歙砚获第三届安徽省传统工艺美术产品展览金奖。他还多次在日本、韩国等地举办个人作品展览。

吴笠谷潜心研究砚学，已出版砚学专著《赝砚考》《名砚辨》，引起学术界重视。

八、方韶

方韶，男，字荒原，号一石方圆、磊鑫堂主，1970年生，歙县岔口镇人，高级工艺美术师，省级代表性传承人。

1986年中学毕业后拜歙县工艺厂姜立力为师，打下了一定的基础；1987年进入歙砚研究所，师承方见尘，开始走上专业砚雕艺术之路；1989年进入黄山工艺美术研究所从事歙砚雕刻工作；1992年成立方韶砚雕工作室；1995年在屯溪老街64号开设歙砚店——磊鑫堂；2009年设立"砚山裁云轩"，问道传艺。

1989年后临摹古砚5年，潜心研究传统技法，逐渐形成自己的艺术特点和表现手法。在多年的砚雕中方韶琢磨创造出自己的"隐刀"法。所谓"隐刀"，即在雕刻中以书画淡墨效果为原理，使雕刻效果更加丰富、空灵，用刀虚实结合，力法以实见虚，但实刀中每刀必求其圆润凝重，虚刀中有过渡，形断而意连，技法出神入化。

作品以实用为主，随形而不随意，尊重砚的纹理和形状，追求朴素明快、圆润含蓄、浑然天成，广

图6-24　方韶工作照

图6-25 方韶作品

图6-26 江宝忠工作照

受砚友和藏家所爱，其中又以鱼的题材尤受青睐。青铜纹饰砚、井田瑞兽砚分别获得2005、2006年度沈阳中韩书画艺术博览会金奖。琴高乘鲤砚、惊魂砚获2012年工艺美术大师作品展金奖，后被四川博物院收藏；兰亭雅集砚获2014年青艺杯工艺美术创新大赛金奖；同年，驭风行砚获十五届工艺美术大师精品展百花奖金奖。天铸之韵砚被旅顺博物馆收藏。出版有《砚山裁云——方韶砚雕作品集》。

他热心传承工作，20多年来培养出方晓（四川省工艺美术大师）和程自熊、方华、方伟利、姚铁军、洪正新、陈林、蒋文翔、程小梅、程春晓、程梦凡、胡洁露等20多位弟子，为歙砚雕刻艺术的传承做出了努力。

九、江宝忠

江宝忠，男，1969年生，安徽歙县人，省级代表性传承人，安徽省工艺美术大师，民间文化传承人，民间工艺大师，国家一级技师，高级工艺美术师，中华传统工艺大师，歙砚协会秘书长。

1987年毕业于安徽省行知学校文房四宝专业，同年就职于歙县文房四宝公司，从事砚雕行业。1995年创建"醉石斋"（歙砚十二坊——宝忠砚坊），1996年开始重点开发歙砚老坑龟甲石品，开创了歙砚龟纹类之先河，同时致力于开拓海外市场，作品多次在国家级展会上获金奖，为提高歙砚知名度做出了积极的贡献。

2009年以来，先后发表论文《和谐盛世藏歙砚》《在继承中发扬，在创新中进步》《刍议砚台的制作》《谈歙砚的品鉴》等。

图6-27 江宝忠的松鼠献瑞砚

2009年，作品如意砚在杭州获中国工艺美术协会举办的第十届中国工艺美术大师作品暨国际艺术精品博览会银奖；同年五福临门砚、夏趣图砚在合肥分别获安徽省博物馆、安徽省工艺美术学会举办的安徽省工艺美术60年精品大展金奖和银奖；2011年，秋硕砚在深圳获中国文房四宝精粹博览会举办的首届国际文化产业博览会金奖；2012年，南极仙翁应寿图砚获安徽省文房四宝协会举办的歙砚大展二等奖；2013年，咏经砚获中国工艺美术学会举办的第七届中国海峡工艺品博览会金奖，五朝砚谱套砚获安徽省传统文化促进会举办的第三届工艺美术产品展览二等奖，琴棋书画套砚获中国轻工业联合会举办的第十五届中国工艺美术大师精品展览会金奖，无梦徽州砚获中国轻工业联合会中国传统工艺美术精品展巧夺天工金马奖金奖；2015年，无梦徽州砚获安徽省工艺美术珍品奖；2017年，君临天下砚、秋山访友砚参加由文化部、四川省人民政府、联合国教科文组织、中国联合国教科文组织举办的第六届非物质文化遗产节展览；2018年，醉翁记砚获第七届工艺美术精品博览会银奖；2020年，松鼠献瑞砚荣获首届文房用品设计创新大赛新锐奖；2021年，祥瑞砚获第十届工艺美术精品博览会金奖。

2009年，作品贺寿图砚被中国华西博物馆永久性有偿收藏。2019年，作品帅林雅集砚、三五友品茗砚被哈尔滨三五非物质文化遗产博物馆有偿收藏。

十、钱胜东

钱胜东，男，号街源山人，别署追砚堂、凝眸精舍、砚田渡德，1976年生，歙县人，高级工艺美术师，安徽省工艺美术大师，省级代表性传承人，中国工艺美术协会高级会员。

师从兄长钱胜利学习雕刻歙砚。2004年师从金石名家董建学习篆刻。2005年任黄山印社理事。2006年，徽州人家砚在中国文房四宝邮票发行的大选中脱颖而出，被用作歙砚纪念票和原地封。2008年任黄山市歙砚工艺研究所研究科主任，同年与钱胜利合著的《钱氏兄弟砚雕艺术》于上海人民美术出版社出版。

图6-28　钱胜东工作照

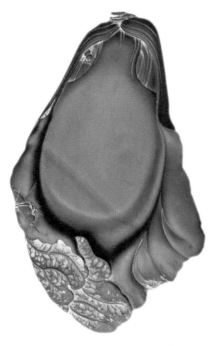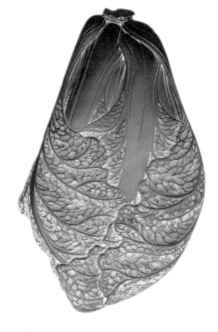

图6-29　钱胜东作品

他虚心好学，吸收前人雕刻之精华，书画之国脉，徽州砖、木、石三雕之精髓，与钱胜利一起开创歙砚全立体镂空雕技艺，形成自己的艺术风格，朴实、大方，雅俗共赏。作品醉钟馗砚被中国徽州文化博物馆永久收藏。

其参加国家级工艺美术精品展，并获得多个金、银奖。2005年获国家工艺美术精品展金、银奖；2007年获中国国家级工艺美术精品展创新艺术金奖、传统艺术金奖；2008年获中国收藏家协会金奖；2009年获中国工艺美术学会金奖；2010年获中国工艺美术学会银奖；2013年在深圳中国国际文化产业博览交易会上紫气东来砚获得中国工艺美术创意奖金奖；2015年兰亭序砚获第十二届中国民间文艺山花奖。

十一、胡雍

胡雍，原名胡勇飞，男，1972年生于歙县砚雕世家。现为安徽省工艺美术名人、工艺美术师、省级代表性传承人。

胡雍幼承家学，祖父胡经琛是歙砚厂创建者之一，代表作喜鹊登梅玉带金星砚是歙砚厂经典作品。伯父胡冬春是歙县老一辈砚雕师，父亲胡和春曾任歙砚厂创研室主任，代表作九龙戏水砚被人民大会堂收藏。

他自小耳濡目染，对歙砚情有独钟。1989年在歙县教师进修学校美术工艺班学习。1991年在上海练江牧场工艺厂实习。1992年应征入伍，在部队任文书，从事宣传工作。1995年退役，到歙县老胡开文墨厂工作。1997年，进入方见尘砚雕艺术坊学习砚雕技艺。2000年，在黟县西递村成立"雕刻时光"砚雕工作室。2004年，入西安美术学院陈国勇山水画工作室进修，学习国画。2006年，与王耀共同成立"砚藏"工作室。2010年，成立"二南堂"胡雍砚雕工作室。

治砚10余年，师古砚，师今人，致力于传统砚文化承袭，注意与现代审美理念融合，所作素砚与随形砚简中求神、静中求趣，不离朴厚性情，

图6-30　胡雍工作照

236

图6-31　胡雍的天心月圆砚

回溯砚之中和与静肃之正格。2012年，作品墨守砚、清白传家砚及一组素工砚获首届中国歙砚大赛一等奖。2013年，蕴德砚获安徽省传统工艺大展银奖。2014年，作品流云砚获中国工艺美术精品博览会金奖。2015年，三足砚获第五届安徽省传统工艺大展金奖，同年山色砚在佳士得成功拍卖。

十二、程礼辉

程礼辉，又名礼徽，男，号一石，1972年生，歙县人。高级工艺美术师，安徽省工艺美术大师，省级代表性传承人，安徽省工艺美术协会理事，歙县一石砚雕礼品有限公司董事长，歙县礼辉砚雕艺术馆馆长。

程礼辉师从国画家孙明习画数年，1989年开始制砚，1998年成立"一品砚堂"工作室，2003年受聘为江西朱子艺苑首席工艺师，2007年创办"礼辉砚雕艺术馆"。他以刀带笔，制作过大型壁画和古砚等，尤其擅长人物砚雕，构思新颖，蕴意深邃，融古典文学、绘画、篆刻于一体，具有鲜明的"文人砚"特色，致力于实践"天然至上，不雕而雕"的艺术主张。

图6-32　程礼辉工作照

作品多次在全国各大博览会上获奖：2008年，琴棋书画砚获第9届"天工艺苑·百花杯"中国工艺美术大师精品奖银奖；2011年，八仙呈祥套砚获第46届"金凤凰"创新作品设计大奖赛金奖；2013年，唐宋诗歌套砚获第48届"金凤凰"创新作品设计大奖赛金奖，风雅颂套砚获得第九届工艺省美术文化创意奖银奖。

图6-30是程礼辉的象寓太平砚。入围2022年"收藏好手艺"中国工艺美术年度优秀作品。象有吉祥、健康长寿、吉象送财的寓意，该作以象形青铜纹饰入砚，表达美好寓意，追求庄重、肃穆、古朴之感。其以金星古坑子料为材质，随形就势，借鉴了青铜器象形纹饰，以抽象的构图琢成此砚。在注重其实用的基础上，纹饰、图腾与砚石的自然外形相融，相得益彰。

图6-33　程礼辉的象寓太平砚

十三、徐爱国

徐爱国，男，1975年出生，休宁人，安徽省高级工艺美术师，省级代表性传承人，中国工艺美术协会会员，中国文房四宝协会会员，婺源砚文化研究会理事。

1994年到婺源县大畈村学习砚雕技艺，1997年创办石见轩砚雕艺术馆，2000年开始带徒传艺。从事歙砚艺术创作20余年，潜心研究，不断学习与创新，把砚的实用性和艺术性融为一体，作品端庄、古朴、优美。

作品多次在全国大赛上荣获大奖。知足砚获得2005年第七届中国工艺美术大师精品博览会优秀作品选金奖；心有明镜砚获得2008年全国工艺品、旅游纪念品展览会"金凤凰"创新产品设计大奖赛银奖；瑞云砚获得2009工艺美术大师作品暨工艺美术精品博览会金奖；祥瑞砚获得2010年中国文房四宝精品大奖赛金奖；2013年在"和氏璧杯"歙砚技能大赛中荣获金奖。

图6-34　徐爱国工作照

图6-35　徐爱国获奖作品

十四、张硕

张硕，男，1966年出生，歙县人，省级代表性传承人，安徽省工艺美术大师，国家一级高级技师，黄山市文房四宝协会副会长。

张硕自幼酷爱绘画，16岁跟随砚雕艺术家方见尘治砚学画。2003年入蜀，在攀枝花市从事苴却砚的制作。2009—2011年就读于清华大学美术学院当代艺术创作国画系研究生班。2011年创办张硕佛学砚雕书画艺术馆。其砚作熔工笔与写意于一炉，去烦琐求雅洁，去陈俗求清新，去浮华求浑朴，构图磅礴大气，融诗书画一体，形成既含蓄沉蕴又潇洒奔放的艺术风格。1986年与其师方见尘合制八百黄岳砚，刘海粟题为"国之瑰宝"；1988年与方见尘合作的怀素习书砚，著名画家范曾题词"观其神砚，吾欲临池"。2011年获安徽省第一届传统工艺美术大赛一等奖。2019年创作的重达3吨的万佛朝宗巨砚获第十四届中国民艺最高奖——山花奖（图6-37）。2021年12月当选中国文学艺术界第十一次全国代表大会代表。2022年8月兰亭修禊砚获第二届中国工艺美术博览会百鹤奖最高奖金鼎奖。2022年3月凤求凰对砚被中国工艺术馆收藏。2023年3月被评为"安徽省2022年工

图6-36 张硕工作照

匠年度人物"。2024年3月被农业部等7部委首批评为"乡村工匠名师"。

十五、钱胜利

钱胜利，又名钱圣砾，歙县人，1967年生，省级代表性传承人，安徽省工艺美术大师，

图6-37 张硕歙砚作品

国家一级技师，高级工艺美术师，中国工艺美术协会理事，安徽传统工艺美术促进会理事，安徽省工艺美术协会理事，黄山市工艺美术协会副主席。

他自幼酷爱绘画，1985年起师从方钦树学习刻砚，从徽州三雕汲取艺术精华，大胆尝试立体镂空雕手法，还借鉴玉雕、青田石雕、寿山石雕艺术中的巧色雕，同时将诗、书法、印章融入砚艺，使其作品集诗、书、画、印于一体，更具实用性和观赏性。

图6-38 钱胜利工作照

图6-39 钱胜利作品

作品寒江垂钓砚2000年获国家旅游局、国家广播电影电视总局举办的西湖艺术博览会金奖。七贤砚2005年获中国轻工业联合会主办的第七届中国工艺美术大师精品博览会金奖。太白醉酒砚2012年获中国文联、中国民协等主办的第七届中国（长春）民间艺术博览会金奖。青山碧水可居仙砚2019年获第五十四届全国工艺品交易会获金凤凰设计大赛金奖。他与弟弟钱胜东合著的《钱氏兄弟砚雕艺术》一书2008年10月由上海人民美术出版社出版。图6-39为钱胜利的牧童遥指杏花村砚。

十六、胡慧君

胡慧君，男，1985年生，休宁人，全国轻工技术能手，省级代表性传承人，安徽省省级工艺美术大师，高级工艺美术师。

图6-40 胡慧君工作照

胡慧君 2002 年高中毕业后拜潘玉忠先生为师学习歙砚雕刻技艺。出师后曾辗转江西、四川、广东、宁夏、贵州等地从事制砚工作，深入了解各地砚雕文化，研习各家所长。2008 年在休宁齐云山创立丹青砚道艺术馆。从艺 20 多年，带徒 16 人。

2011 年进入中央美术学院国画系研修班研修 1 年。2012 年在全国政协礼堂举办个人砚展，新华网等多家媒体进行了报道。2016 年秋水共长天一色砚获中国工艺美术百花奖金奖。2021 年参加全国砚雕职业技能大赛，荣获全国轻工技术能手称号。

图 6-41 胡慧君作品

胡慧君从事歙砚雕刻 20 余年，从素工入门，以规章立形制，点线面在方圆中体现端庄厚重。创作中注意结合天然纹饰，半雕半留，虚实相间，常有巧夺天工之佳作。选材偏好籽料，皮色俱佳者为上，利用其皮色金晕结合自然层理随形而制。在雕刻设计中，先取其势，将自然山水与传统国画相融合，并用薄意刀法还原于砚作之上，云石树木的刀法表现皆在毫厘之间显现，砚作力求在注重实用的同时兼具观赏价值。崇尚书画入砚融于自然之道，故取丹青砚道为名，为毕生艺术追求之理想境界。图 6-41 为胡慧君的文承千载书春秋砚，用砚山芙蓉溪眉子下坑料，在其下半部自然断层上镌刻各种书体，以表达汉字书法的历史演变。

十七、章利兵

章利兵，男，1981 年生，汉族，休宁人，省级代表性传承人，安徽省工艺美术大师，一级高级技师，高级工艺美术师。1997 年中学毕业后进入黄山市技工学校学习，1998 年起师从方晓学习歙砚制作技艺，2010 年创办休宁县名砚轩砚雕厂，2002—2006 年受聘为四川省西昌市金沙工艺品

图6-42　章利宾工作照

有限公司艺术顾问、研究员。2006年起师承方韶继续学习提升歙砚制作技艺。

　　2017年在第三届中国非物质文化遗产传承技艺大展中荣获"工匠之星"称号。同年歙砚作品云中春溪砚荣获"九华杯"中国（九华山）国际禅艺技艺大赛"专业组"银奖。作品多次荣获安徽省传统工艺美术保护和发展促进会"徽工奖"银奖。

　　图6-43为章利宾的兰亭序砚，用龙尾石眉纹金晕料，图中人物虽小但刻画生动，体现了技艺与艺术的完美结合。

图6-43　章利兵作品

十八、其他传承人

除了已经被列入省级名录的代表性传承人外，还有一大批技艺水准很高的传承人，他们有的早已是高级工艺美术师，有的被评为省级工艺美术大师或名人，在业界享有很高声誉。

刘明学，男，字鸣雪，1970年出生，歙县人，安徽省工艺美术大师。1988年，入歙县工艺厂学习砚雕艺术。1991年，拜著名砚雕大师方见尘为师。2002—2004年入西安美术学院进修中国画。近30年的砚雕生涯使其作品情感丰富，超俗飘逸，追求天人合一的境界，多有不尽琢磨、半留本色之作。图6-44中该砚洋溢着浓厚的文化气息。与其"渡石斋"斋号取"渡石成佛"之意境相契合。其太白遗梦砚被马鞍山太白纪念馆以馆藏品永久展示：踏雪寻梅砚、金水湾砚被旅顺博物馆珍藏。2011年，哪吒闹海砚获安徽省文化博览会金奖；兰亭雅集砚、故园砚分获得2012年、2013年安徽省传统工艺美术保护和发展促进会金奖。

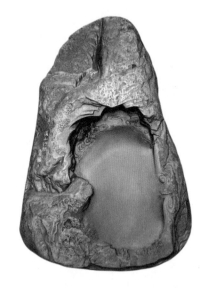

图6-44 刘明学作品

在歙县歙砚城活跃着成百上千个工作坊，其中方学斌、周晖夫妇经营的算得上是规模较大者。方学斌，1967年生，歙县唐里乡人，安徽省工艺美术大师，一级技师，歙砚协会常务副会长，1983年师从方见尘学习砚雕技艺，1990年任歙砚厂创研室主任。其作品自然生动，匠心独运，多次在

图6-45 方学斌作品海天旭日砚

图6-46 笔者带学生采访方学斌（右一）与周晖（左一）

国内大赛、展览获奖。2014年，十八罗汉砚荣获中国工艺美术大师精品展金奖；2015年，八仙过海砚荣获中国工艺美术大师精品博览会金奖。周晖，1969年生，歙县人，高级工艺美术师，安徽省工艺美术大师。1988年毕业于安徽省行知学校工艺班。擅长以浅雕手法雕刻仕女、花鸟、异兽等。其刀法细腻，线条优美，形神兼备，充满诗情画意。

令人欣慰的是，与不少传承人的家庭相似，方学斌之子方永兴也走上了歙砚制作技艺传承之路。1992年出生的他自幼对歙砚的制作技艺和砚石特性熟稔于心，2014年从黄山学院土木工程专业本科毕业后，正式开启钻研歙砚雕刻技艺之路。他不拘泥于父母所传的雕刻技艺，师古求新，表现出新生代歙砚人鲜明的审美个性。其作品在传统雕刻技艺的基础上融入了现代元素，既保留传统韵味又不失时代感，深受用户喜爱，尤其是青年用户的追捧。其设计研发的新品如方圆之间砚、三层叠砚、花开淡墨痕砚等，获得了国家外观设计专利。图6-47为他的新作梭形砚，不对称的几何构成巧妙地融合传统与现代，功能上更便于搁笔，让人一见倾心。

图6-47 方永兴的作品

后　记

在《当代歙砚》即将面世之际，有一些感想还是要说一说。

当代歙砚制作技艺的复兴已经走过一个甲子。如果拿人生作比，正处于六十耳顺的阶段，应当好好地清理一下发展思路，进一步明确今后的发展走向。有几个问题需要思考。

首先，歙砚是艺术品还是工艺品。一般而言，艺术品主要是用来观赏和品味把玩，其价值主要体现在可以满足精神和审美需求层面；工艺品则主要是用来使用的，价值以实用为主，兼有审美。歙砚作为文房用品，千百年来一直是工艺品，其实用性一直被摆在首位。而且，整个传统技艺业界绝大多数产品都应当以可以作为日常生活用品为价值追求。在定位上，除了有少量高端的艺术品级的奢侈品外，绝大多数都是兼有审美功能的实用品。

其次，关于歙砚的形制。有所谓的规矩砚和随形砚之分，也有所谓素工砚与艺术砚之分，其实都不十分严格。砚是一种实用文具，更是一种文房雅器，所以，其主流的形制应当具有中华传统文化中所谓的文人气、书卷气，要静，要远离俗气。这其实是一个审美取向问题。现在市场上有些砚张牙舞爪、龙飞凤舞，俗不可耐！或许有人说，这是创新，有人喜欢就好。但是，我认为着眼于歙砚长久发展，应当呼吁歙砚制作技艺的传承人在审美上引领用户，不能被低俗带偏。合理的状态是，一方歙砚，哪怕是普通档次的作品，放在用户家里，摆在书桌上或使用或观赏，对他自己和家人都是一种熏陶，是一种养眼养心的雅物。只有这样，歙砚制造技艺的发展才能发挥更大的社会价值，才能走得更远。所以，本书选用的歙砚作品绝大多数依据这一标准，包括代表性传承人的代表作品也都没有选用造型稀奇古怪、不够规整的例子。

再次，如何看待机械的使用。80年代中期以前，歙砚制作使用的工具很原始，以后则引入电动切割机、磨具等，再后来有大型的电锯、车床等。手工艺在发展过程中一直都不排斥新工具，而且适当地借助工具可以节省体力、提高效率。只要作品能够表现创作者个人的审美情趣、传递创作者个人的审美创作的信息，都属于手工艺品的范畴。当然，现在有人使用数控雕刻机或3D打印机生产的砚台，则完全属于机制产品，超越了歙砚制作传统技艺的界限。

然后，歙砚制作业作为一个文化产业发展需要理性规划和引导。如同其他手工艺，歙砚制作技艺也是由小规模作坊为单元组织生产的。有优势，船小好调头，市场变化潮起潮落，聚散自由，但缺点也正在于此。从传统工艺振兴角度看，安徽是文房四宝制作技艺最高水平的省份，黄山作为一种顶级名砚的产地，完全可以打造具有全国影响力的砚产业集群，吸引全国各地各个砚种的从业者来这里创业。

最后，歙砚的品牌打造。传统技艺是祖先的创造，凝聚了历代传承人的智慧，发展到今天，歙砚作为一种商品，如何树立对外品牌形象值得深思。同样是文房四宝制作技艺产品，宣纸、宣笔和徽墨都有品牌商标，但歙砚没有。据了解，在计划经济时代，歙砚厂的歙砚主要通过上海海关出口日本，取了"中国歙砚"的品名，实际上算不上是一个品牌商标。这应当引起重视。在目前作品没有商标的状态下，消费者可能是出于对制作者个人名望的认可而购买，但从长远看，随着传承人的变化，难以打造成长久存续的"老字号"。

作　者

2024年8月8日于止知轩